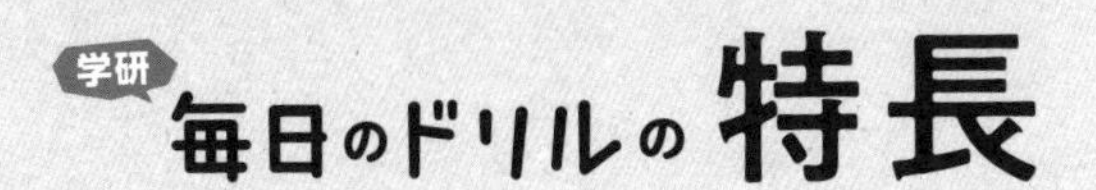

やりきれるから自信がつく!

1日1枚の勉強で，学習習慣が定着!

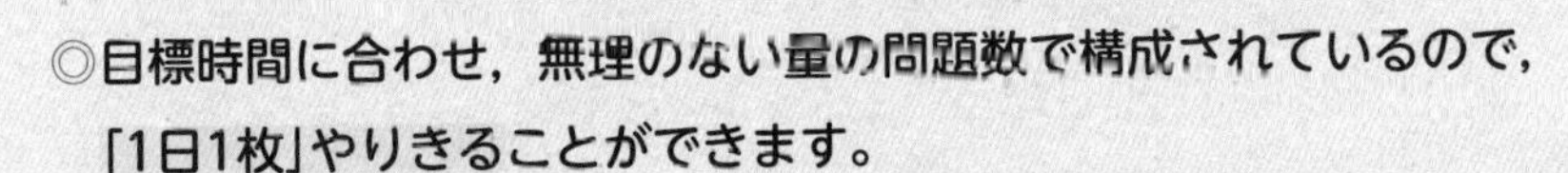

◎目標時間に合わせ，無理のない量の問題数で構成されているので，「1日1枚」やりきることができます。

◎解説が丁寧なので，まだ学校で習っていない内容でも勉強を進めることができます。

すべての学習の土台となる「基礎力」が身につく!

◎スモールステップで構成され，1冊の中でも繰り返し練習していくので，確実に「基礎力」を身につけることができます。「基礎」が身につくことで，発展的な内容に進むことができるのです。

◎教科書に沿っているので，授業の進度に合わせて使うこともできます。

勉強管理アプリの活用で，楽しく勉強できる!

◎設定した勉強時間にアラームが鳴るので，学習習慣がしっかりと身につきます。

◎時間や点数などを登録していくと，成績がグラフ化されたり，賞状をもらえたりするので， 達成感を得られます。

◎勉強をがんばると，キャラクターとコミュニケーションを取ることができるので， 日々のモチ

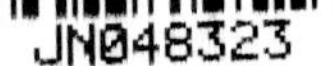

学研 毎日のドリルの使い方

1 1日1枚，集中して解きましょう。

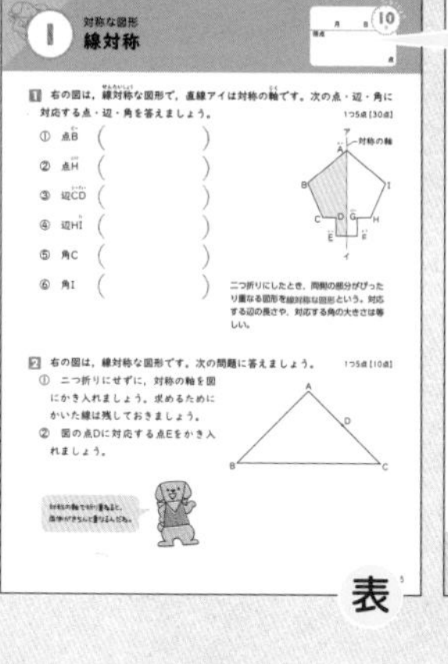

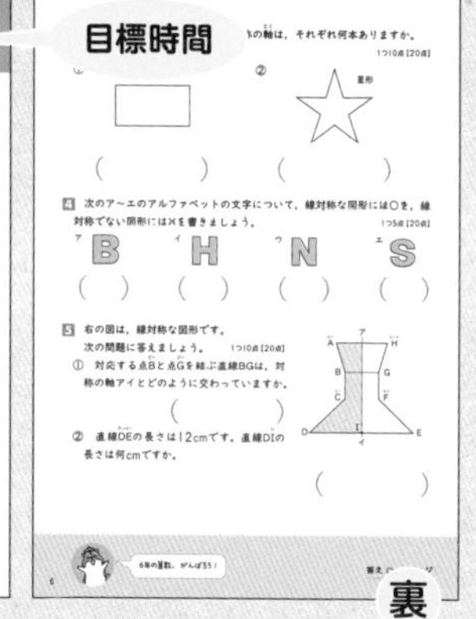

◎1回分は，1枚（表と裏）です。

1枚ずつはがして使うこともできます。

◎目標時間を意識して解きましょう。

アプリのストップウォッチなどで，かかった時間をはかるとよいです。

・巻末の「まとめテスト」で，この本の内容が身についたか確認できます。

2 答え合わせをしましょう。

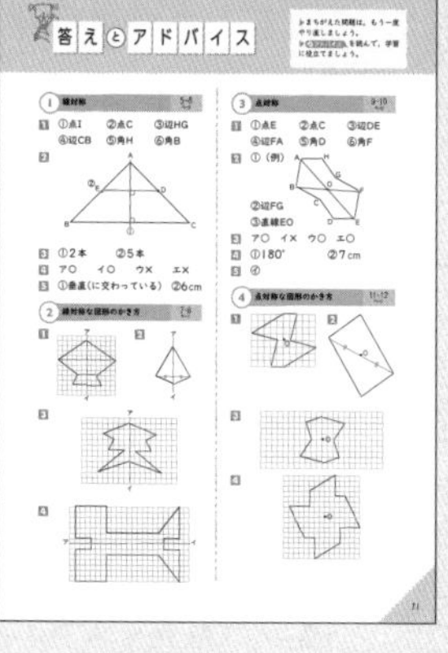

・本の最後に，「答えとアドバイス」があります。

・答え合わせをして，点数をつけましょう。

3 アプリに得点を登録しましょう。

・アプリに得点を登録すると，成績がグラフ化されます。
・勉強すると，キャラクターが育ちます。

無料
ダウンロード
毎日のドリル
勉強管理アプリ
アプリといっしょだと，ドリルが楽しく進む!?
コンコン
ぼくのへや
今日の分の毎ドリ終わった？
今やってるところー
うそはいけないっきゅ！
わっ!?
だれ!?
どこから来たの!?
キミの毎ドリが進むようにすばらしいものを持ってきたっきゅ
なになに？
とりあえずやってみるっきゅ
ストップウォッチスタート!!
おっ！
時間をはかってくれるんだ！
0分2秒
よーしっ!!
できたーーっ!!
いつもよりどんどん解けた気がする！
時間を意識してるから集中できるんだっきゅ！
さらに！
得点をアプリに入力するとグラフになるんだ！
すっげー!!
この「1」ってなんだろ？
タッチしてみるっきゅ
一回終わるごとにぼくがエサを食べられるんだっきゅ
ドリルを進めるとかっこいいわざをおぼえたりすてきな部屋が手に入ったりするよ
よーしっ
あしたもがんばるぞ！
二か月後
よっしゃー！
ドリルが終わったぞ！
一冊やりきったら賞状とメダルがもらえたよ！
次はどのドリルに挑戦しようかな！
賞状　ぼくどの
あなたは、3年「かけ算」をしゅうりょうしましたので、ここにこれをしょうします。たいへん、すばらしいです！

毎日のドリル 勉強管理アプリ

「毎日のドリル」シリーズ専用，スマートフォン・タブレットで使える無料アプリです。
1つのアプリでシリーズすべてを管理でき，学習習慣が楽しく身につきます。

1 「毎日のドリル」の学習を徹底サポート！

毎日の勉強タイムをお知らせする「タイマー」

かかった時間を計る「ストップウォッチ」

勉強した日を記録する「カレンダー」

入力した得点を「グラフ化」

2 キャラクターと楽しく学べる！

好きなキャラクターを選ぶことができます。勉強をがんばるとキャラクターが育ち，「ひみつ」や「ワザ」が増えます。

3 1冊終わると，ごほうびがもらえる！

ドリルが1冊終わるごとに，賞状やメダル，称号がもらえます。

4 漢字と英単語のゲームにチャレンジ！

ゲームで，どこでも手軽に，楽しく勉強できます。漢字は学年別，英単語はレベル別に構成されており，ドリルで勉強した内容の確認にもなります。

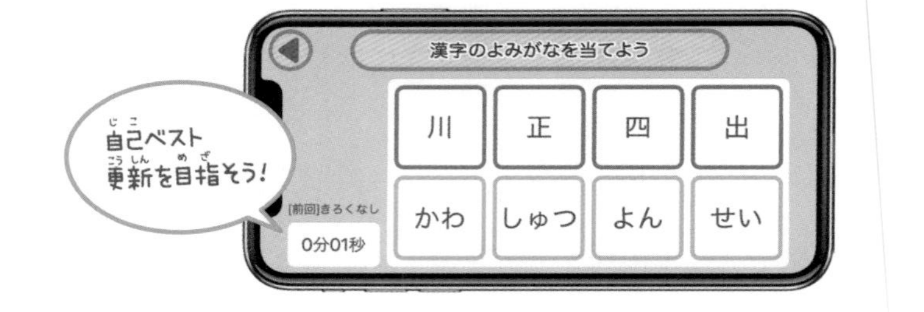

アプリの無料ダウンロードはこちらから！

https://gakken-ep.jp/extra/maidori/

【推奨環境】

■ 各種Android端末：対応OS Android6.0以上　※対応OSであっても，Intel CPU（x86 Atom）搭載の端末では正しく動作しない場合があります。

■ 各種iOS（iPadOS）端末：対応OS iOS10以上　※対応OS や対応機種については，各ストアでご確認ください。

※お客様のネット環境および携帯端末によりアプリをご利用できない場合，当社は責任を負いかねます。ご理解，ご了承いただきますよう，お願いいたします。

1 対称な図形
線対称

月　日　10分

得点　点

1 右の図は，線対称な図形で，直線アイは対称の軸です。次の点・辺・角に対応する点・辺・角を答えましょう。　1つ5点【30点】

① 点B　(　　　　　)

② 点H　(　　　　　)

③ 辺CD　(　　　　　)

④ 辺HI　(　　　　　)

⑤ 角C　(　　　　　)

⑥ 角I　(　　　　　)

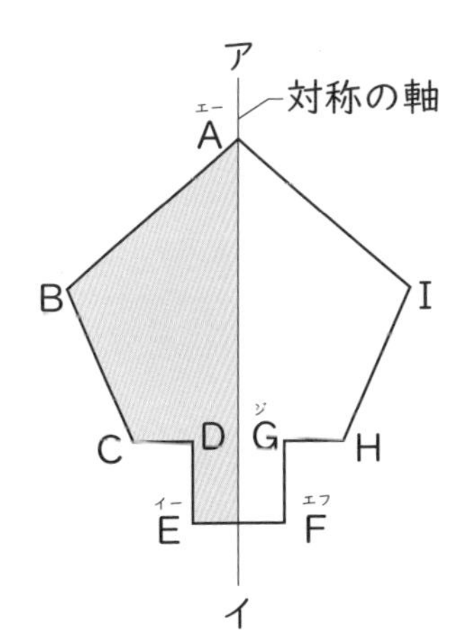

二つ折りにしたとき，両側の部分がぴったり重なる図形を**線対称な図形**という。対応する辺の長さや，対応する角の大きさは等しい。

2 右の図は，線対称な図形です。次の問題に答えましょう。　1つ5点【10点】

① 二つ折りにせずに，対称の軸を図にかき入れましょう。求めるためにかいた線は残しておきましょう。

② 図の点Dに対応する点Eをかき入れましょう。

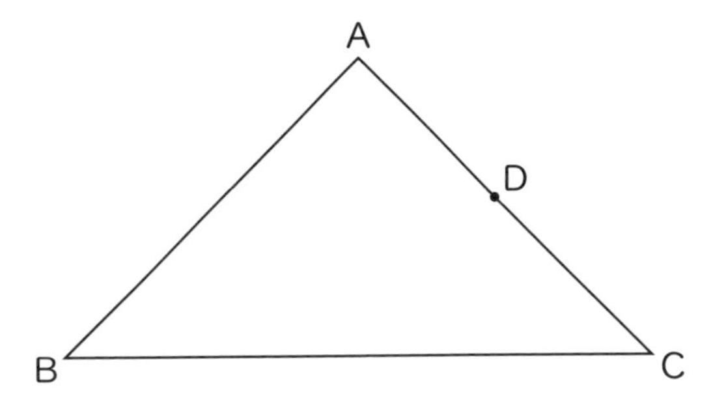

対称の軸で折り重ねると，両側がきちんと重なるんだね。

3 次の図は，線対称な図形です。対称の軸は，それぞれ何本ありますか。

1つ10点【20点】

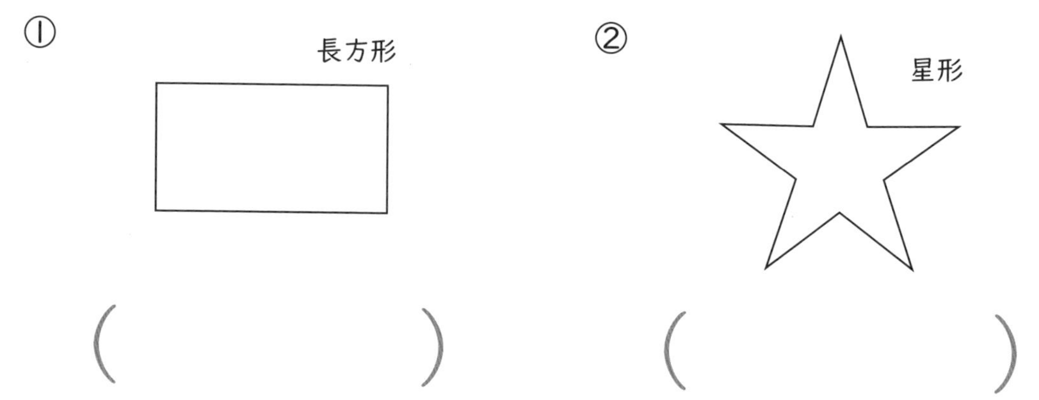

(　　　　) (　　　　)

4 次のア～エのアルファベットの文字について，線対称な図形には○を，線対称でない図形には×を書きましょう。

1つ5点【20点】

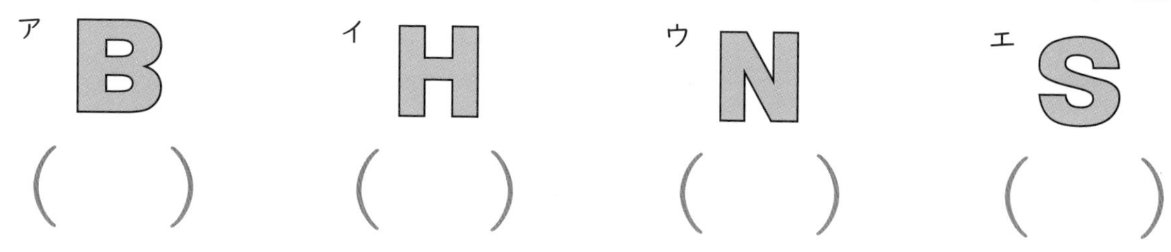

5 右の図は，線対称な図形です。
次の問題に答えましょう。　1つ10点【20点】

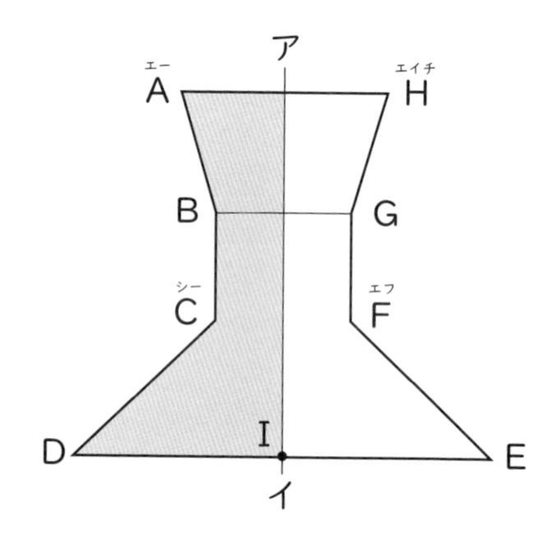

① 対応する点Bと点Gを結ぶ直線BGは，対称の軸アイとどのように交わっていますか。

② 直線DEの長さは12cmです。直線DIの長さは何cmですか。

(　　　　)

6年の算数，がんばろう！

答え ▶ 71ページ

対称な図形

2 線対称な図形のかき方

月　日　10分

得点　　点

1 直線アイが対称の軸となるように，線対称な図形をかきましょう。【25点】

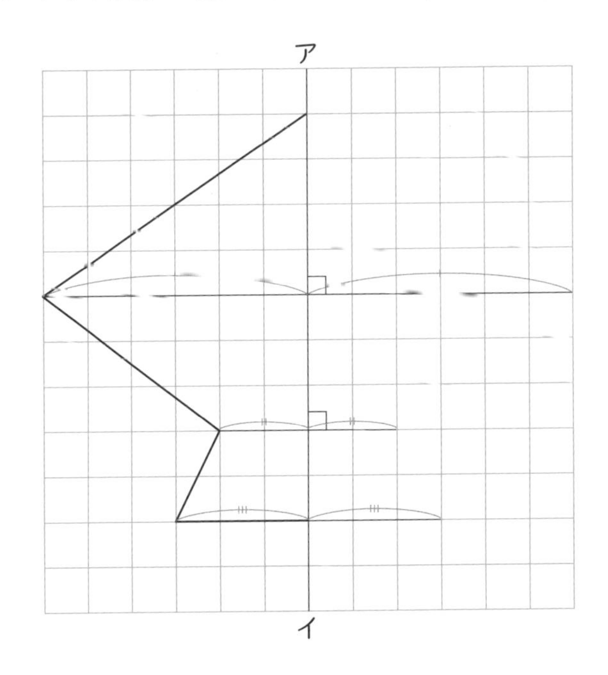

【線対称な図形のかき方】

①各頂点から対称の軸に垂直な直線をひく。

②対称の軸からの長さが等しいところに対応する点をとる。

③各頂点を直線でつなぐ。

方眼のマスの数を使ってかこう！

2 直線アイが対称の軸となるように，線対称な図形をかきましょう。【25点】

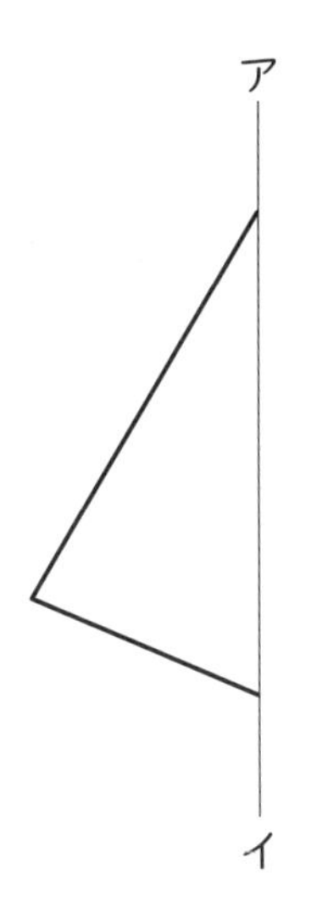

コンパスを使って，等しい長さをとろう！

3 直線アイが対称の軸(じく)となるように，線対称な図形をかきましょう。【25点】

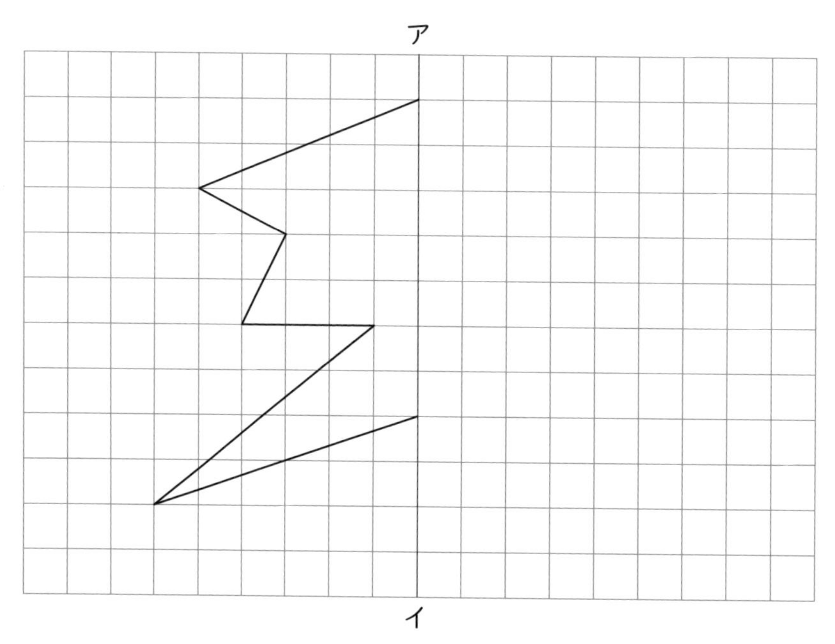

4 直線アイが対称の軸となるように，線対称な図形をかきましょう。【25点】

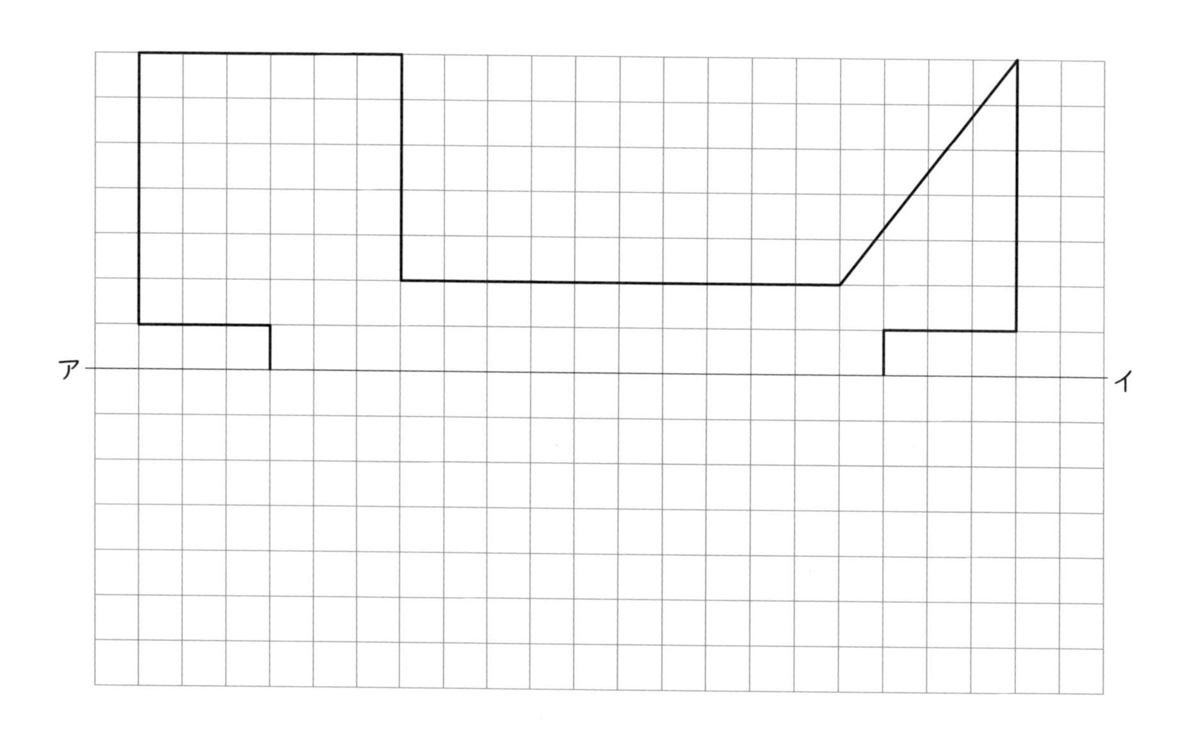

アプリに，点数を登録しよう！

答え ▶ 71ページ

3 対称な図形
点対称

月　日　10分

得点　　点

1 右の図は，点対称な図形です。点Oは対称の中心です。次の点・辺・角に対応する点・辺・角を答えましょう。 1つ5点【30点】

① 点B　(　　　　)

② 点F　(　　　　)

③ 辺AB　(　　　　)

④ 辺CD　(　　　　)

⑤ 角A　(　　　　)

⑥ 角C　(　　　　)

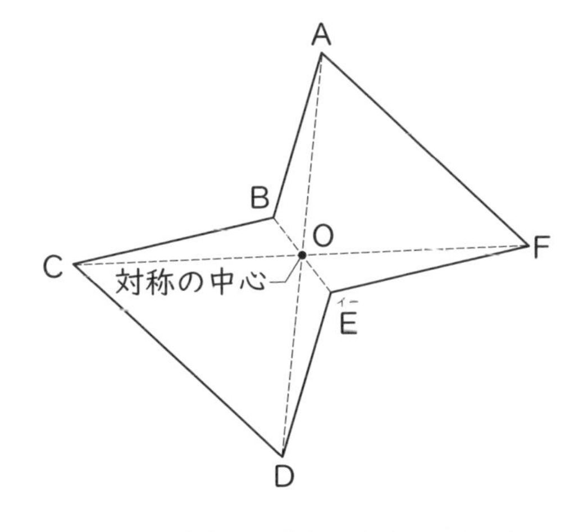

1つの点のまわりに180°回転させたとき，もとの形とぴったり重なる形を**点対称な図形**という。

2 右の図は，点対称な図形です。次の問題に答えましょう。 1つ10点【30点】

① 対称の中心Oを図にかき入れましょう。求めるためにかいた線は残しておきましょう。

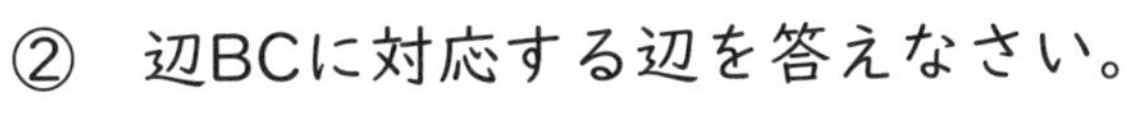

② 辺BCに対応する辺を答えなさい。

(　　　　)

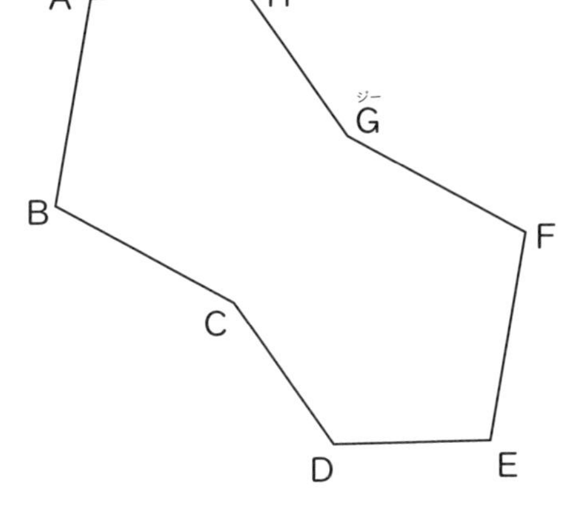

③ 直線AOと長さが等しい直線を答えなさい。

(　　　　)

3 次のア～エの図形で，点対称な図形には○を，点対称でない図形には×を書きましょう。

1つ5点【20点】

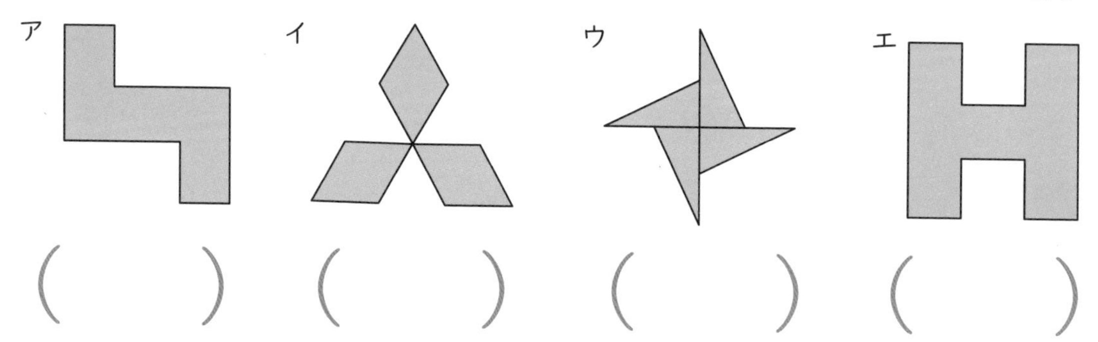

ア（　　） イ（　　） ウ（　　） エ（　　）

4 右の図形は，点対称な図形です。次の問題に答えましょう。 1つ5点【10点】

① 角AOE（エーオーイー）の大きさは何度ですか。

（　　　　）

② 直線BF（ビーエフ）の長さが14cmのとき，直線OFの長さは何cmですか。

（　　　　）

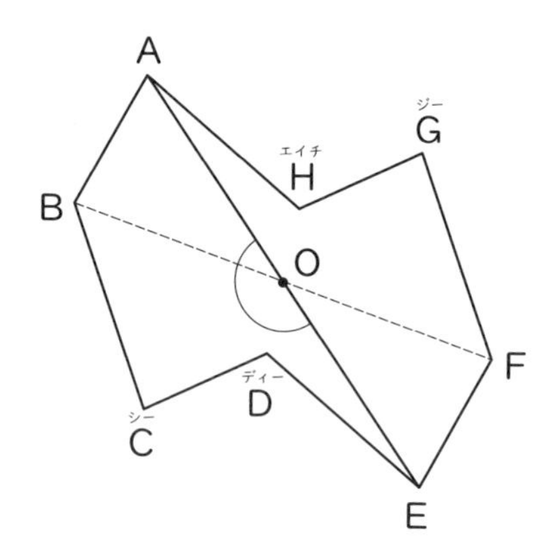

5 次の図で，対称の中心が点Oの点対称な図形となるように図をかき足したとき，かき足した部分の形は，㋐～㋒のどれですか。

【10点】

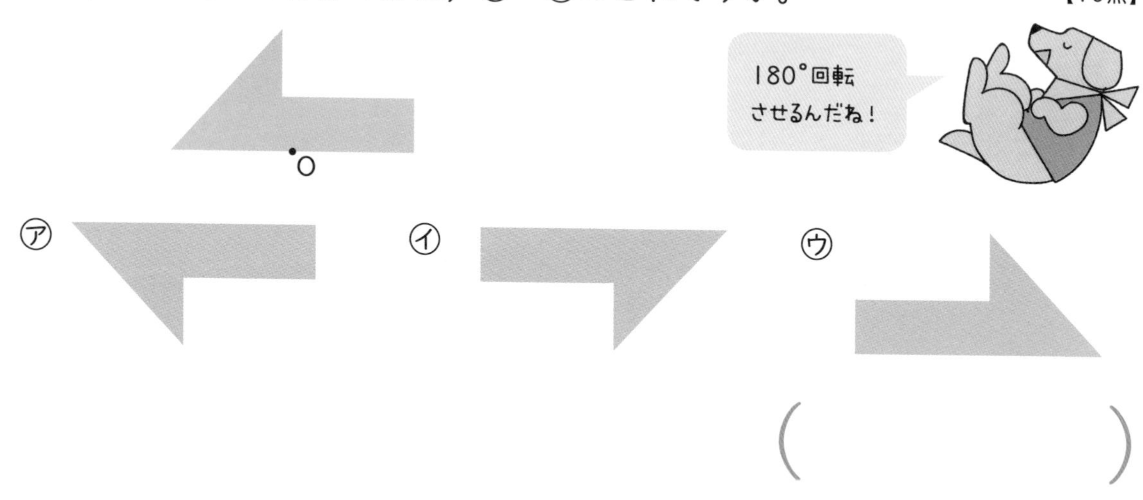

（　　　　）

よくがんばったね！えらい！

答え ▶ 71ページ

対称な図形

4 点対称な図形のかき方

月　日　10分

得点　　点

1 点O(オー)が対称(たいしょう)の中心となるように，点対称な図形をかきましょう。

【25点】

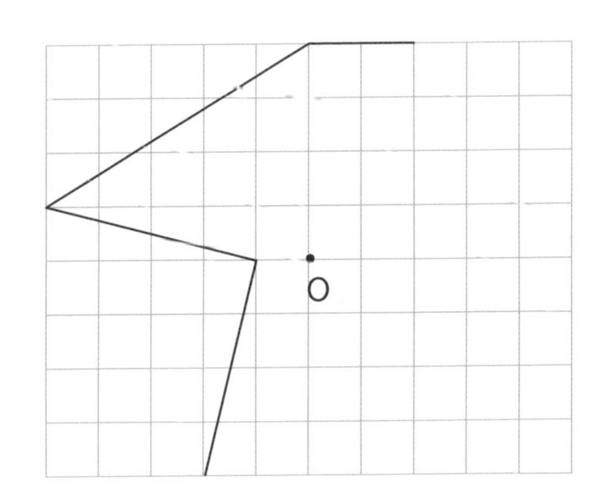

【点対称な図形のかき方】

①各頂点(ちょうてん)から対称の中心Oを通る直線をひく。

②対称の中心Oからの長さが等しくなるところに対応する点をとる。

③各頂点を直線でつなぐ。

方眼のマスを利用しよう！

2 点Oが対称の中心となるように，点対称な図形をかきましょう。

【25点】

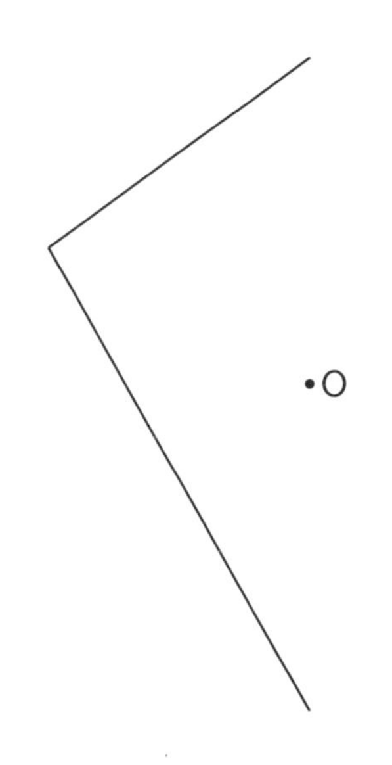

コンパスを使って，等しい長さをとろう！

3 点O(オー)を対称の中心として，点対称な図形をかきましょう。【25点】

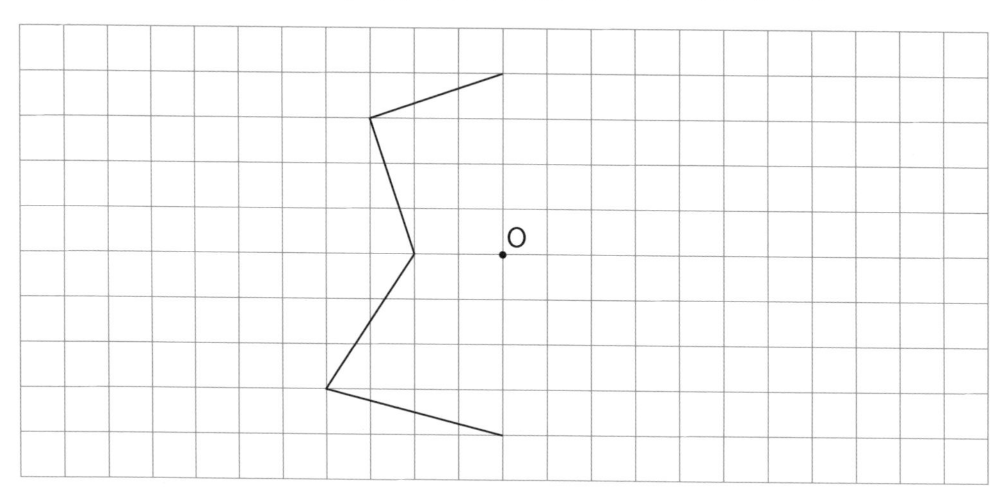

4 点Oを対称の中心として，点対称な図形をかきましょう。【25点】

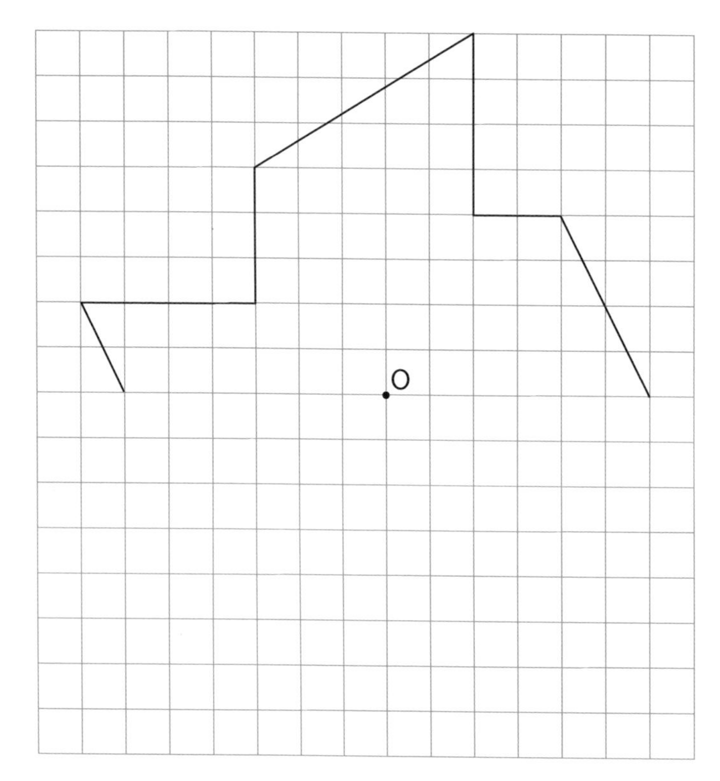

対称な図形について，わかってきたかな。

答え ▶ 71ページ

10分

月　日

得点　　点

5 対称な図形
多角形と対称

1 次の四角形について，線対称(せんたいしょう)な図形か，点対称な図形かを調べます。また線対称のとき，対称の軸(じく)が何本あるかも調べます。

次の問題に答えましょう。　①1つ3点，②5点（②は完答）【50点】

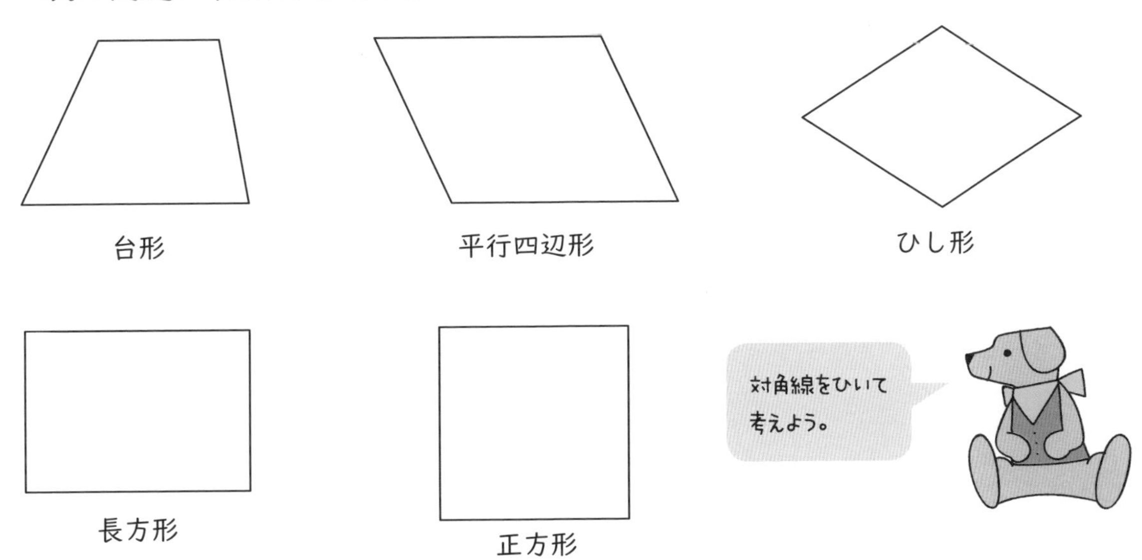

① 線対称，点対称ならば○を，そうでなければ×を書きましょう。また，線対称な図形ならば対称の軸の数を書きましょう。

	線対称	対称の軸の数	点対称
台形	×	0	×
平行四辺形			
ひし形			
長方形			
正方形			

② 2本の対角線が，対称の軸になっている四角形はどれですか。すべて書きましょう。

（　　　　　　　　　　）

2 次の三角形について，**1** ①と同じように表を完成させましょう。 1つ2点【18点】

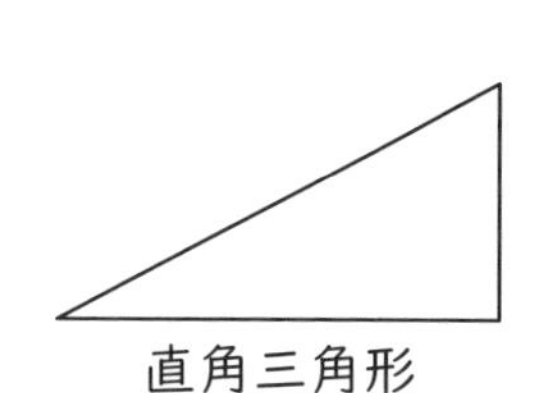
直角三角形

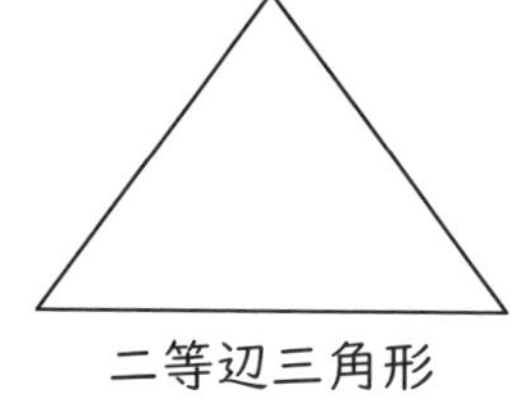
二等辺三角形

正三角形

	線対称(せんたいしょう)	対称の軸(じく)の数	点対称
直角三角形	×	0	×
二等辺三角形			
正三角形			

3 次の図形が，線対称な図形か点対称な図形かを調べます。
次の問題に答えましょう。 ①1つ2点，②8点【32点】

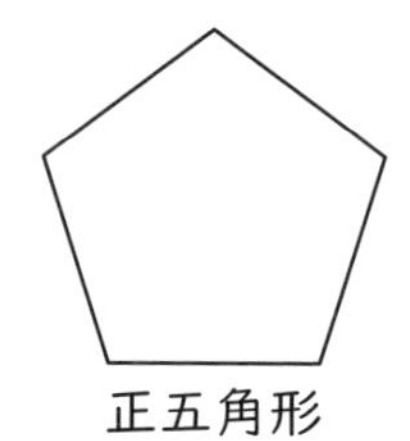
正五角形

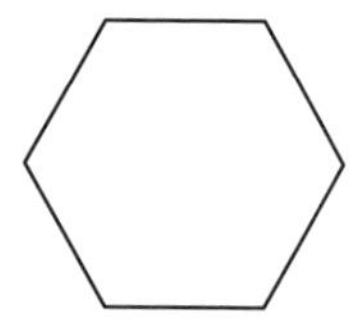
正六角形

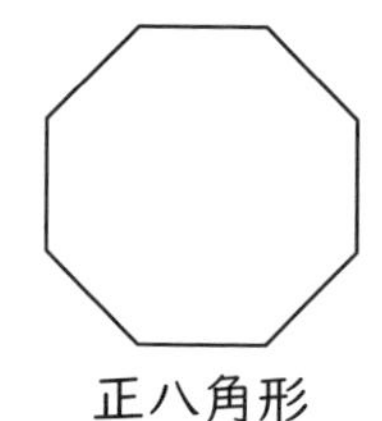
正八角形

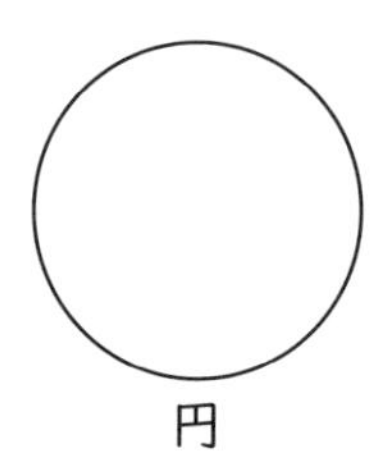
円

① **1** ①と同じように表を完成させましょう。

	線対称	対称の軸の数	点対称
正五角形			
正六角形			
正八角形			
円		いくらでもある	

② 正六角形は点対称な図形です。対称の中心O(オー)を上の図にかき入れましょう。求めるための線は残しておきましょう。

答え ▶ 72ページ

6 文字と式

文字と式

月　日　10分

得点

点

1 高さが6cmで，底辺の長さが次のような平行四辺形の面積を求めます。面積を求める式の□にあてはまる数や文字を書きましょう。　1つ5点【25点】

底辺の長さが5cmのときの面積　5 ×6（cm²）

底辺の長さが8cmのときの面積　□ ×6（cm²）

底辺の長さが10cmのときの面積　□ ×6（cm²）

底辺の長さが20cmのときの面積　□ ×6（cm²）

底辺の長さがx（エックス）cmのときの面積　□ ×6（cm²）

平行四辺形の面積は，底辺×高さで求められるよ。

2 同じ数の卵（たまご）が入った箱が3箱と，ほかに2個の卵があります。これについて，次の問題に答えましょう。　1つ10点【30点】

① 卵が1箱に10個入っているとき，卵は全部で何個になりますか。

（　　　　）

② 1箱に入っている卵の数がx個のとき，卵全部の個数を表す式を書きましょう。

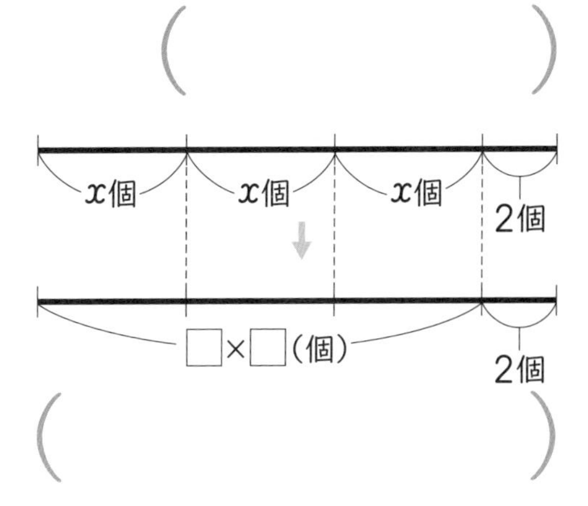

（　　　　）

③ 1箱に入っている卵の数が12個のとき，卵は全部で何個になりますか。

（　　　　）

3 xとyの関係を式に表しましょう。 1つ5点【15点】

① xgの水を，120gの容器に入れたとき，全体の重さはygになります。 (　　　)

② 底辺が10cm，高さが$x$cmの三角形の面積は$y$cm²です。 (　　　)

③ x円のケーキを1個買って，1000円札を出したときのおつりはy円です。 (　　　)

4 $100 \times x + 40$の式で表されるのは，㋐～㋒のどれですか。 【10点】

㋐ 100円のえん筆1本と40円の消しゴム1個を1組にしてx組買ったときの代金

㋑ 40cmのテープx枚と，100cmのテープ1枚をあわせたテープの長さ

㋒ 100円のりんごをx個買って，40円のかごに入れてもらったときの代金

(　　　)

5 同じ数のかんづめが入っている箱が3箱とほかに1個のかんづめがあります。箱から出して数えると，かんづめは全部で25個ありました。1箱には何個入っていたかを考えます。 1つ10点（②は完答）【20点】

① 1箱に入っているかんづめの個数をx個として，全部の個数を表す式を書きましょう。 (　　　)

② xの値が5，6，7，…のときのかんづめ全部の個数を，表を使って調べて，かんづめ全部の個数が25個になるときのxの値を求めましょう。

x	5	6	7	8	9	10
$x \times 3$	15					
$x \times 3 + 1$	16					

(　　　)

文字と式について，ばっちりだね！

答え ▶ 72ページ

7 比 等しい比

月　日　得点　点　10分

1 次の比の値(あたい)を求めましょう。　1つ5点【10点】

$a:b$の比で，aがbの何倍になっているかを表す数を**比の値**という。
$a:b$の比の値は$a\div b$で求められる。

① 1：2

(　　　)

② 4：12

(　　　)

2 次の比の値になる比を[　]から見つけ，その記号を書きましょう。　1つ5点【10点】

① $\frac{2}{3}$

㋐ 4：9　㋑ 6：8
㋒ 8：12　㋓ 6：15

(　　　)

② $\frac{3}{5}$

㋐ 12：16　㋑ 9：15
㋒ 15：21　㋓ 18：25

(　　　)

3 次の2つの比が等しければ○を，等しくなければ×を書きましょう。　1つ5点【20点】

① 1：4と3：12
比の値$\frac{1}{4}$　比の値$\frac{1}{4}$

(　　　)

② 15：6と5：3

(　　　)

③ 14：12と42：36

(　　　)

④ 40：28と20：7

(　　　)

4 次の比の値を求めましょう。

1つ7点【28点】

① 7：18

(　　　)

② 12：28

(　　　)

③ 30：90

(　　　)

④ 32：80

(　　　)

5 次の比と等しい比を[　　]から見つけ，その記号を書きましょう。

1つ8点【32点】

① 1：3

㋐	2：4	㋑	2：5
㋒	3：8	㋓	3：10
㋔	4：10	㋕	4：12
㋖	5：20	㋗	5：30

(　　　)

② 18：12

㋐	2：1	㋑	3：1
㋒	6：5	㋓	9：4
㋔	9：5	㋕	9：7
㋖	12：7	㋗	12：8

(　　　)

③ 2：5

㋐	4：5	㋑	4：12
㋒	6：10	㋓	6：20
㋔	8：20	㋕	8：25

(　　　)

④ 30：27

㋐	5：3	㋑	5：4
㋒	10：7	㋓	10：9
㋔	15：13	㋕	15：14

(　　　)

比について，わかってきたかな。

答え ▶ 72ページ

8 比

比を簡単にする

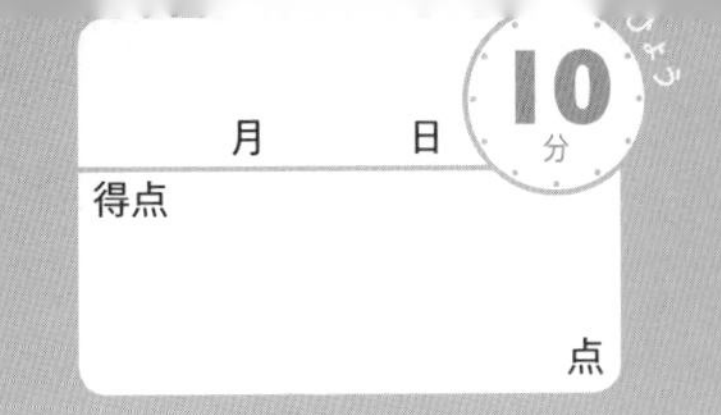

1 □にあてはまる数を書きましょう。それぞれ2つの□に同じ数が入ります。

1つ2点【16点】

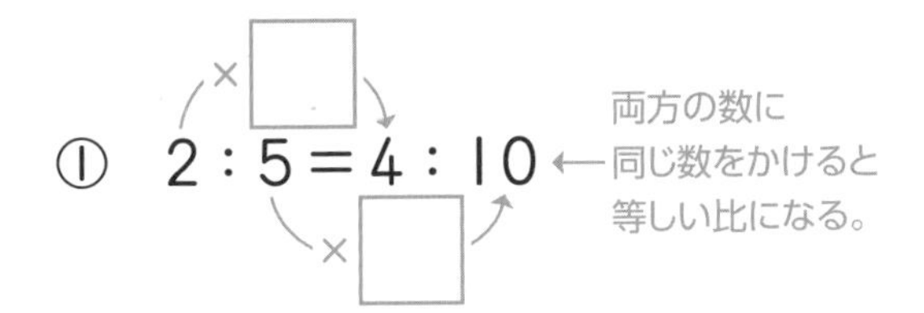

① $2:5=4:10$（×□，×□）← 両方の数に同じ数をかけると等しい比になる。

② $30:80=3:8$（÷□，÷□）← 両方の数を同じ数でわると等しい比になる。

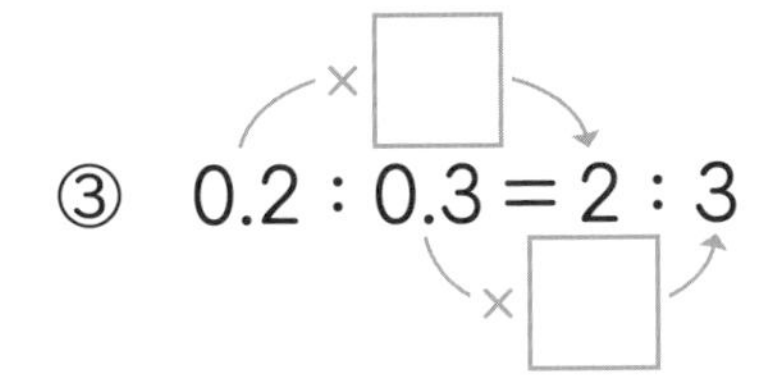

③ $0.2:0.3=2:3$（×□，×□）

④ $\frac{7}{8}:\frac{3}{8}=7:3$（×□，×□）

2 次の比を簡単（かんたん）にします。□にあてはまる数を書きましょう。

1つ3点【30点】

① $24:18=\square:3$（÷6，÷□）

② $52:16=13:\square$（÷4，÷□）

③ $1.5:1.2=15:12=\square:\square$（×10，×□）

比をできるだけ小さい整数の比になおすことを，**比を簡単にする**という。

④ $\frac{4}{5}:\frac{9}{10}=\frac{8}{10}:\frac{9}{10}=\square:\square$（×10，×□）

小数や分数の比は，
整数の比に
なおそう！

3 次の比を簡単(かんたん)にしましょう。

1つ4点【24点】

① $12:9$ （　　　）

② $42:63$ （　　　）

③ $27:36$ （　　　）

④ $18:57$ （　　　）

⑤ $300:500$ （　　　）

⑥ $40:130$ （　　　）

4 次の比を簡単にしましょう。

1つ5点【30点】

① $2.8:0.8$ （　　　）

② $\frac{4}{7}:\frac{2}{3}$ （　　　）

③ $1:1.6$ （　　　）

④ $0.9:3$ （　　　）

⑤ $8:\frac{2}{3}$ （　　　）

⑥ $\frac{5}{8}:1$ （　　　）

よくがんばったね！おつかれさま！

答え ▶ 72ページ

9 比
比の一方の数を求める

月　日　10分
得点　点

1 xの表す数を求めます。□にあてはまる数を書きましょう。　1つ5点【40点】

① $2:3=6:x$ （×3, ×3）

$x=3\times3=$ □

② $6:8=3:x$ （÷2, ÷2）

$x=8\div2=$ □

③ $7:2=x:8$ （×4, ×4）

$x=7\times4=$ □

④ $20:15=x:3$ （÷5, ÷5）

$x=20\div5=$ □

⑤ $x:2=5:1$ （×2, ×2）

$x=5\times2=$ □

⑥ $x:5=12:20$ （÷4, ÷4）

$x=12\div4=$ □

⑦ $60:x=6:5$ （×10, ×10）

$x=5\times10=$ □

⑧ $8:x=48:18$ （÷6, ÷6）

$x=18\div6=$ □

2 x（エックス）の表す数を求めましょう。

1つ5点【60点】

① $2:7=4:x$

（　　　）

② $20:12=5:x$

（　　　）

③ $6:1=x:7$

（　　　）

④ $28:16=x:4$

（　　　）

⑤ $x:15=9:5$

（　　　）

⑥ $x:7=21:49$

（　　　）

⑦ $72:x=9:10$

（　　　）

⑧ $40:x=4:9$

（　　　）

⑨ $4:1.2=x:3$

（　　　）

⑩ $x:8=1.2:1.6$

（　　　）

⑪ $\frac{5}{7}:\frac{3}{7}=x:3$

（　　　）

⑫ $\frac{4}{5}:2=x:5$

（　　　）

比について，ばっちりだね！

答え ▶ 72ページ

10 拡大図と縮図

月　　日　　10分

得点　　　　点

1 右の㋑〜㋔の三角形は，㋐の三角形の何倍の拡大図ですか。または，何分の１の縮図ですか。拡大図でも縮図でもない場合は×を書きましょう。

1つ5点【20点】

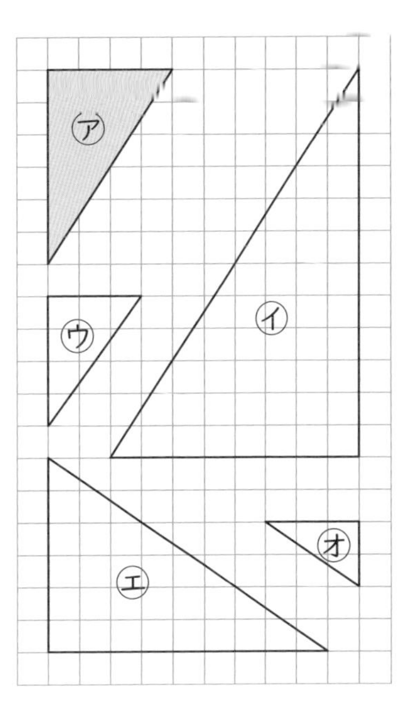

㋑（　　　　）　㋒（　　　　）

㋓（　　　　）　㋔（　　　　）

拡大図や縮図は，対応する角の大きさはそれぞれ等しく，対応する辺の長さの比はすべて等しい。

2 右の四角形EFGHは，四角形ABCDの2倍の拡大図です。
次の問題に答えましょう。

1つ6点（①〜③完答）【24点】

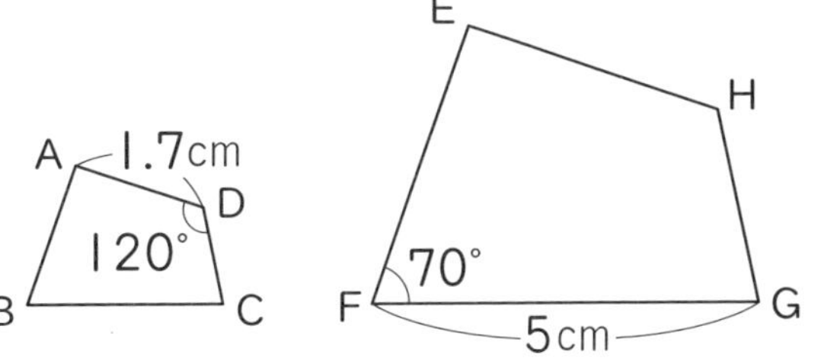

① 辺ADに対応する辺はどれですか。また，何cmですか。（　　　　）

② 辺FGに対応する辺はどれですか。また，何cmですか。（　　　　）

③ 角Fに対応する角はどれですか。また，何度ですか。（　　　　）

④ 辺ABと辺EFの長さの比を書きましょう。（　　　　）

3 下の㋑～㋕の三角形は，㋐の三角形の何倍の拡大図(かくだいず)ですか。または，何分の1の縮図(しゅくず)ですか。拡大図でも縮図でもない場合は×を書きましょう。

1つ6点【30点】

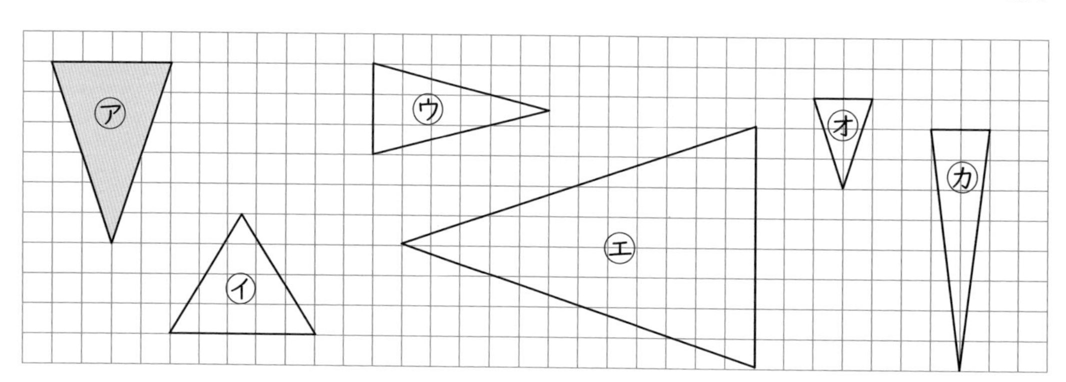

㋑（　　　）　㋒（　　　）　㋓（　　　）

㋔（　　　）　㋕（　　　）

4 右の三角形DEF(ディーイーエフ)は，三角形ABC(エービーシー)の3分の1の縮図になっています。次の問題に答えましょう。

①②1つ6点，③④1つ7点（①～③完答）【26点】

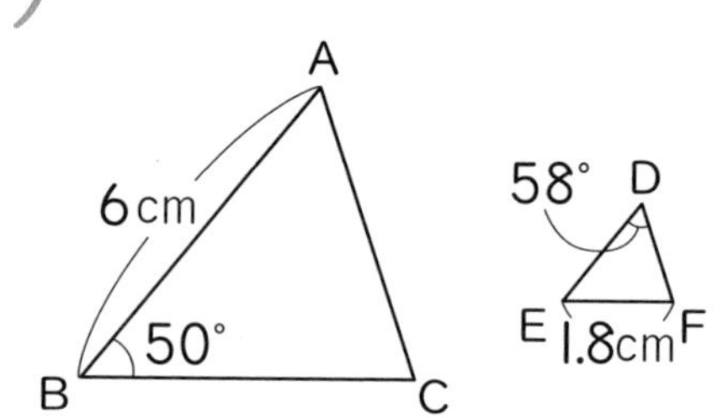

① 角Bに対応する角はどれですか。また，何度ですか。

（　　　）

② 辺ABに対応する辺はどれですか。また，何cmですか。

（　　　）

③ 角Dに対応する角はどれですか。また，何度ですか。

（　　　）

④ 三角形ABCは，三角形DEFの何倍の拡大図ですか。

（　　　）

答え ▶ 73ページ

11 拡大図と縮図

拡大図と縮図のかき方

月　　日　10分

得点　　　　点

1 下の三角形ABCを2倍に拡大した三角形DEFと，$\frac{1}{2}$に縮小した三角形GHIをかきましょう。

1つ10点【20点】

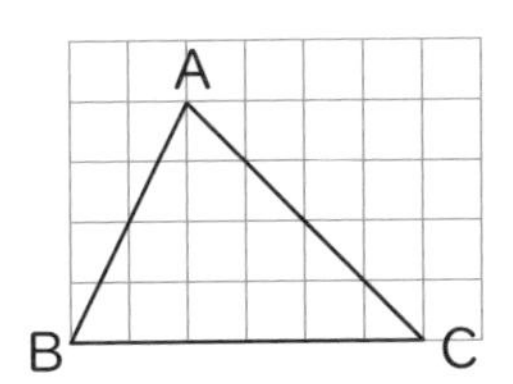

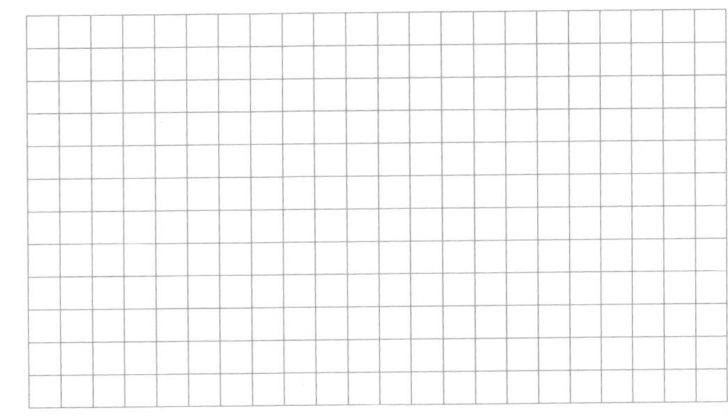

方眼紙では，方眼の目の数が，2倍や$\frac{1}{2}$になるような図をかく。

2 下の三角形ABCを2倍に拡大した三角形DEFと，$\frac{1}{2}$に縮小した三角形GHIをかきましょう。

1つ10点【20点】

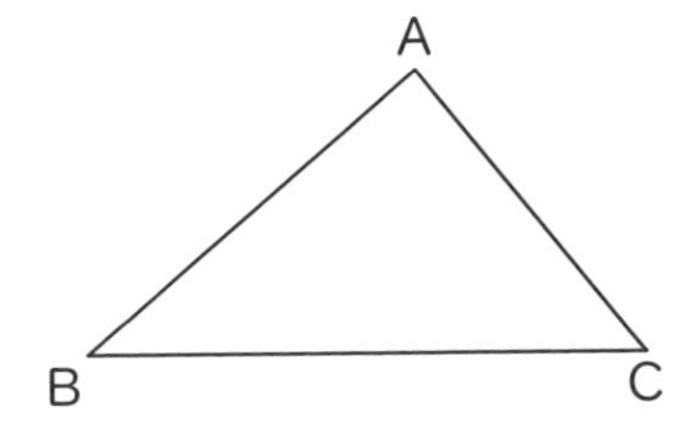

方眼紙を使わないときは，辺の長さや角の大きさをはかってから，辺の長さを2倍や$\frac{1}{2}$にする。

E•

H•

3 下の台形ABCDの3倍の拡大図と，$\frac{1}{2}$の縮図をかきましょう。

1つ15点【30点】

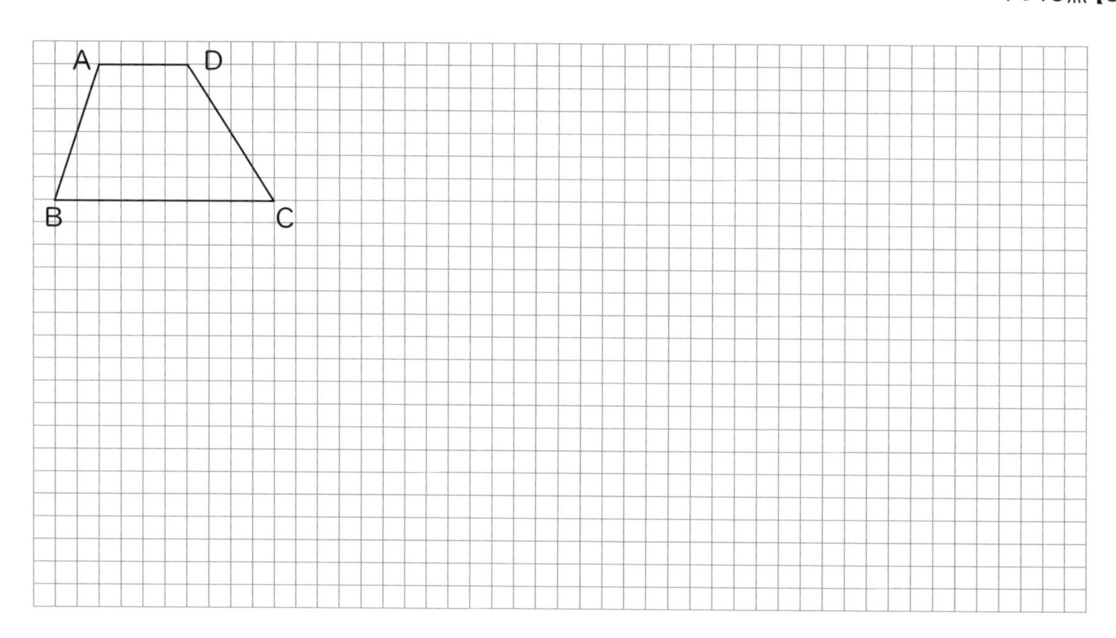

4 下の四角形ABCDの2倍の拡大図と，$\frac{1}{2}$の縮図を，頂点Bを中心にしてかきましょう。

1つ15点【30点】

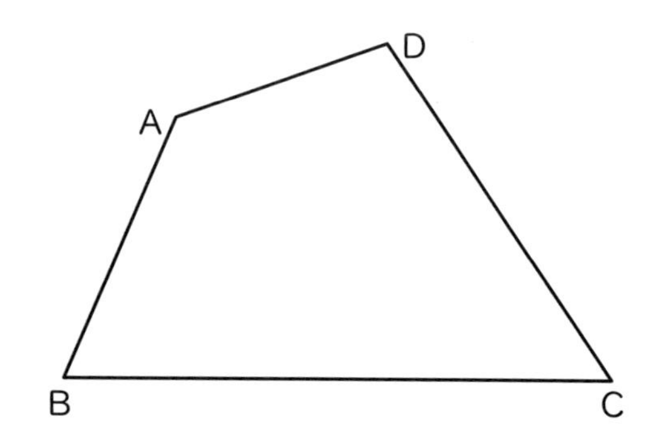

拡大図と縮図について，わかってきたかな。

答え ▶ 73ページ

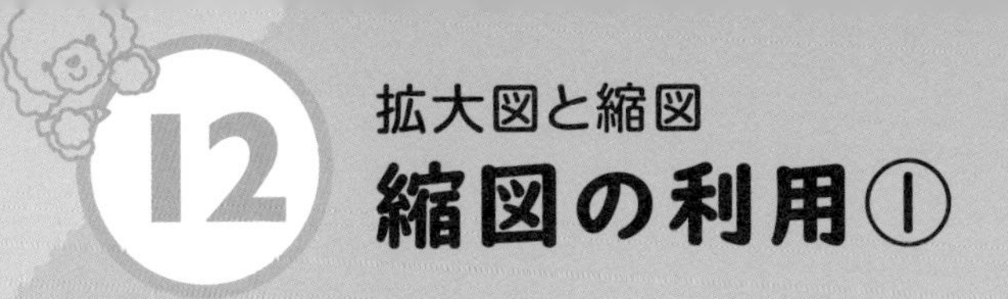

月　日　15分
得点　点

1 右の図は，よしのりさんの学校の縮図です。この縮図では20mを1cmの長さに縮めています。
次の問題に答えましょう。

①1つ5点，②③式7点，答え7点【43点】

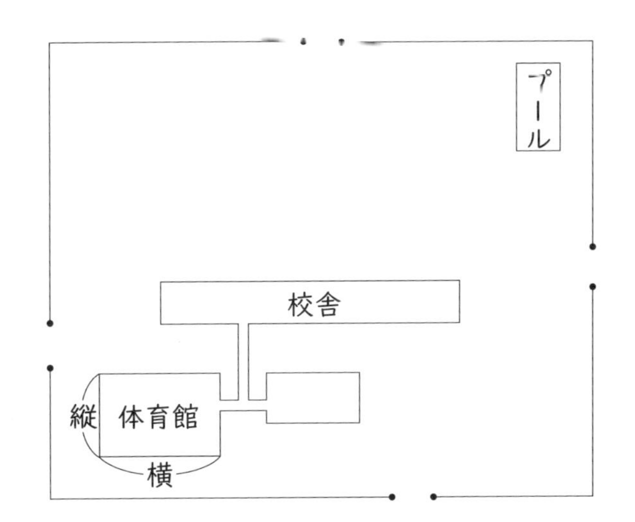

実際の長さを縮めた割合を**縮尺**という。
【10mを1cmに縮めたときの表し方】
$\frac{1}{1000}$　1：1000　0　10(m)

① この縮図の縮尺を，次の3つのように表しました。□にあてはまる数を書きましょう。

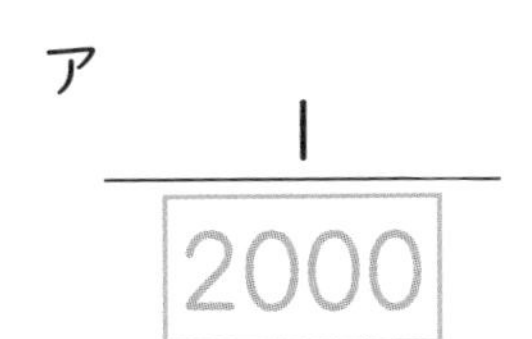

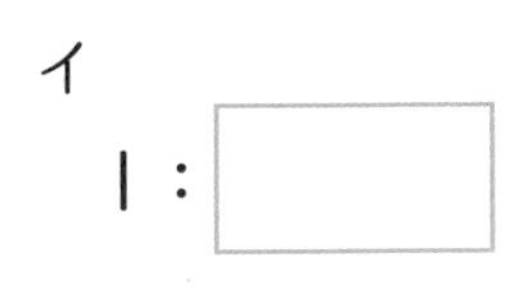

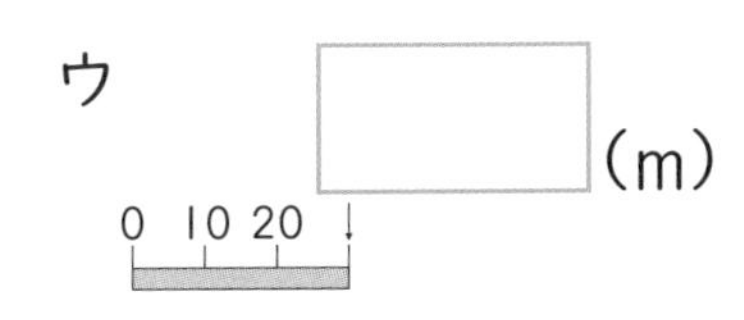

② プールの実際の横の長さは12mです。縮図では何cmになりますか。

（式）12m＝□cm

実際の長さ　分数で表した縮尺　縮図上の長さ
□×□＝□　（　　　）

③ 体育館の縦の長さは，縮図では1.1cmです。実際の縦の長さは何mですか。

縮図上の長さ　分数で表した縮尺の逆数　実際の長さ
（式）□×□＝□

□cm＝□m　（　　　）

2 次の□にあてはまる数を書きましょう。

1つ5点【15点】

実際の長さ	40m	10km	□m
縮尺(しゅくしゃく)	1：□	$\frac{1}{25000}$	$\frac{1}{1000}$
縮図上の長さ	8cm	□cm	4.2cm

3 右の図は，みほさんの家から学校までの道のりやきょりを，縮尺$\frac{1}{5000}$の縮図に表したものです。

式7点，答え7点【28点】

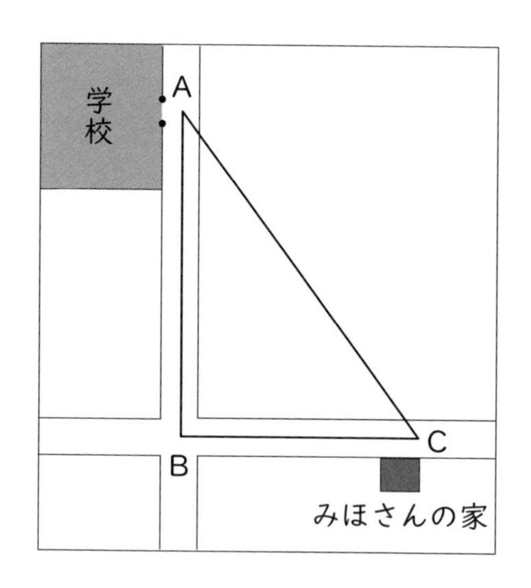

① AB(エービー)とBC(シー)の長さをはかり，みほさんの家から校門までの実際の道のりを求めましょう。

（式）

（　　　　）

② ACの長さをはかり，みほさんの家から校門までの実際のきょりを求めましょう。

（式）

（　　　　）

4 右の縮図で，道路A(エー)の実際の長さを求めましょう。

式7点，答え7点【14点】

（式）

（　　　　）

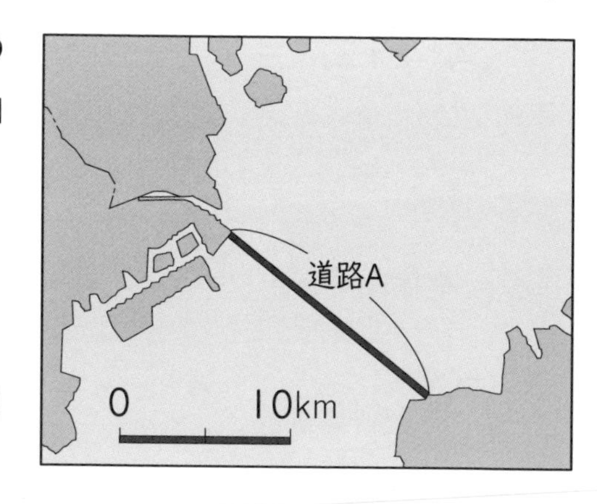

図形の力がついてきているよ！

答え ▶ 73ページ

縮図の利用②

月　日　15分

得点　点

1 としきさんが木から8mはなれたところに立って，木の先を見上げる角度をはかると50°でした。としきさんはこの木の高さを求めるために，直角三角形ABC(エービーシー)の$\frac{1}{200}$の縮図(しゅくず)，直角三角形DEF(ディーイーエフ)をかきました。としきさんの目の高さは1.2mです。次の問題に答えましょう。

①③④式5点，答え5点，②10点【40点】

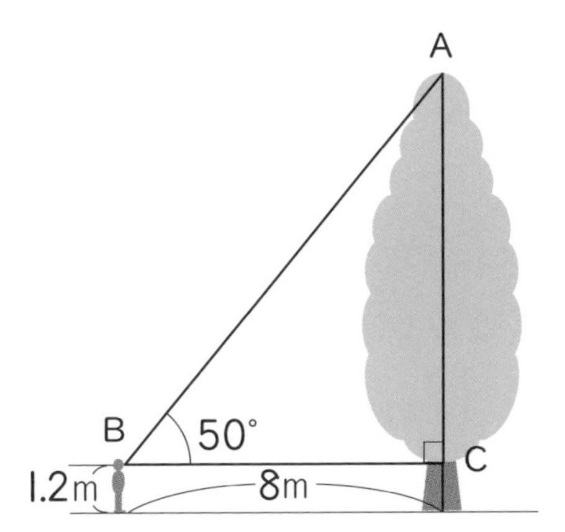

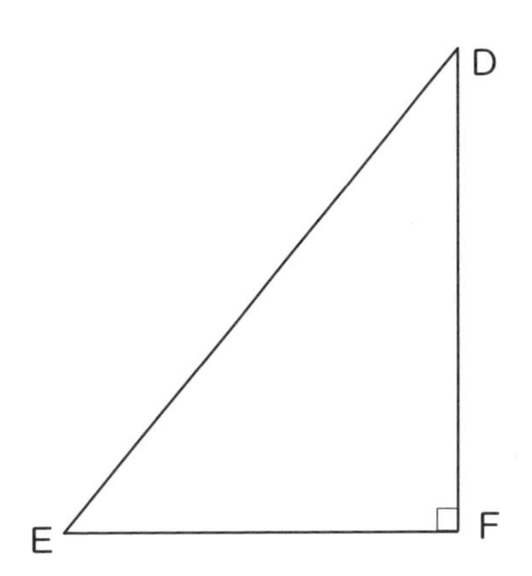

① EFの長さは何cmですか。

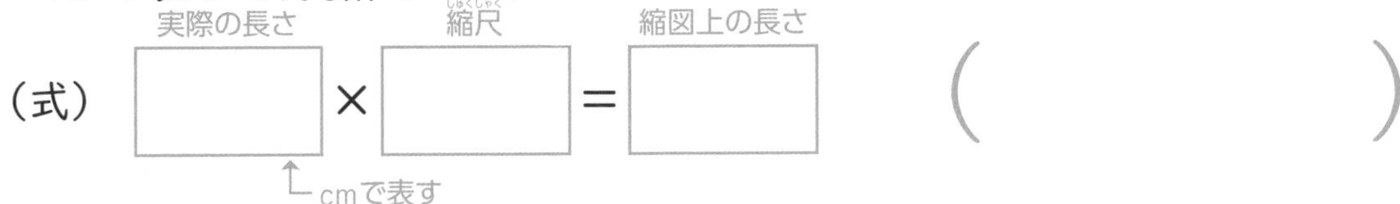

（　　　　　）

② 角Eの大きさは何度ですか。

（　　　　　）

③ DFの長さをはかると，4.8cmでした。ACの長さは何mですか。

（式）

（　　　　　）

④ 木の高さは何mですか。

（式）

（　　　　　）

目の高さをたしわすれないように！

2 下の図で，川はばAB（エービー）の実際の長さは何mですか。直角三角形ABC（シー）の$\frac{1}{500}$の縮図をかいて求めましょう。

①②10点，③式5点，答え5点【30点】

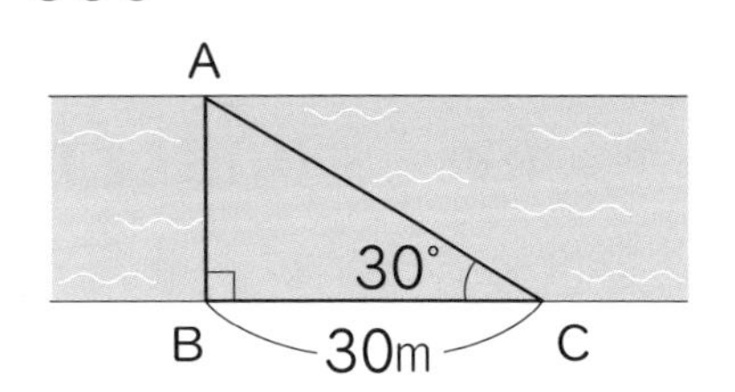

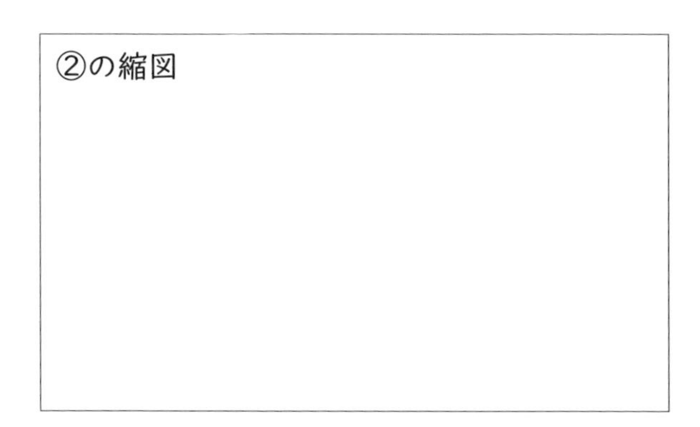

① 縮図上で，BCの長さを何cmにすればよいですか。

（　　　　　）

② 右上に，直角三角形ABCの縮図をかきましょう。

③ 縮図上のABの長さをはかり，川はばを求めましょう。

（式）

（　　　　　）

3 ある時刻（じこく）に地面にできた校舎のかげの長さは18mでした。このとき，地面に垂直（すいちょく）に立てた長さ1mの棒（ぼう）のかげの長さは1.2mでした。次の問題に答えましょう。

①15点，②式7点，答え8点【30点】

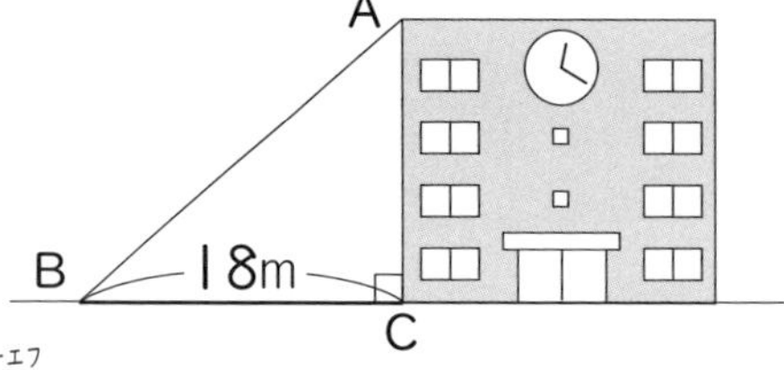

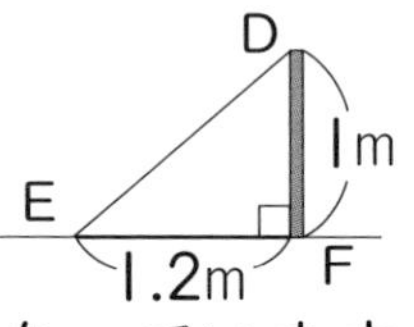

① 三角形DEF（ディーイーエフ）は，三角形ABCの何分の1の縮図になっていますか。

（　　　　　）

② 校舎の実際の高さは何mですか。

（式）

（　　　　　）

拡大図と縮図について，ばっちりだね！

答え ▶ 74ページ

円の面積

月　日　10分

得点　　点

1 次の円の面積を求めましょう。

式4点，答え4点【16点】

①

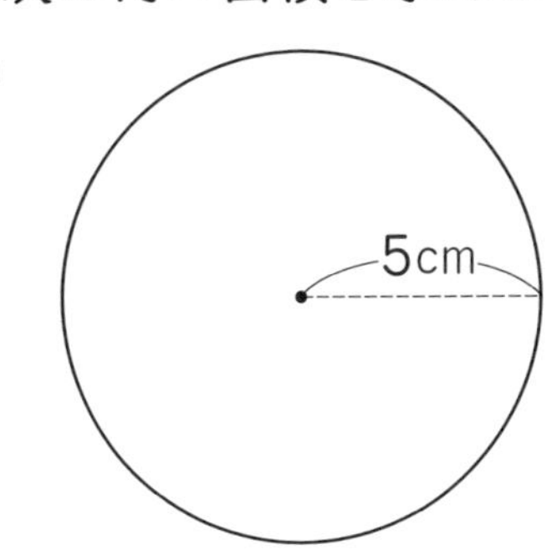

（式）［半径］×［半径］×［円周率］＝［円の面積］

円の面積＝半径×半径×円周率（えんしゅうりつ）

円周率は，3.14とする。

（　　　　）

②

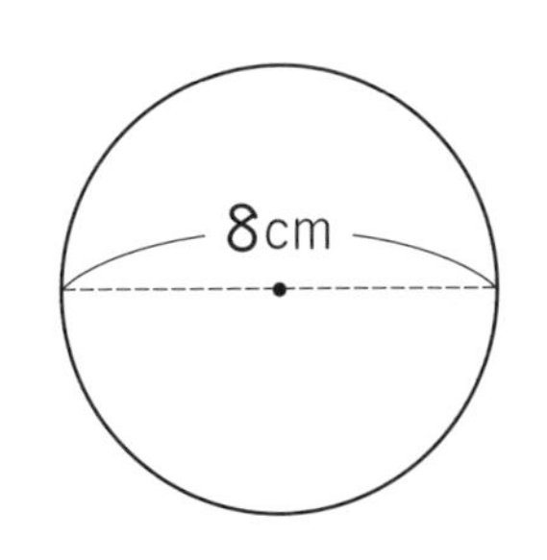

（式）

半径の長さを求めてから計算しよう。

（　　　　）

2 次の円の面積を求めましょう。

式4点，答え4点【32点】

① 半径10cmの円

（式）

（　　　　）

② 直径6cmの円

（式）

（　　　　）

③ 半径7mの円

（式）

（　　　　）

④ 直径12mの円

（式）

（　　　　）

3 次の円の面積を求めましょう。

式4点，答え4点【24点】

① 半径8cmの円

（式）

（　　　　　）

② 直径30cmの円

（式）

（　　　　　）

③ 半径20mの円

（式）

（　　　　　）

4 半径1cmの㋐の円と，半径2cmの㋑の円があります。次の問題に答えましょう。

①4点，②③④式4点，答え4点【28点】

① ㋑の半径の長さは，㋐の半径の長さの何倍になっていますか。

（　　　　　）

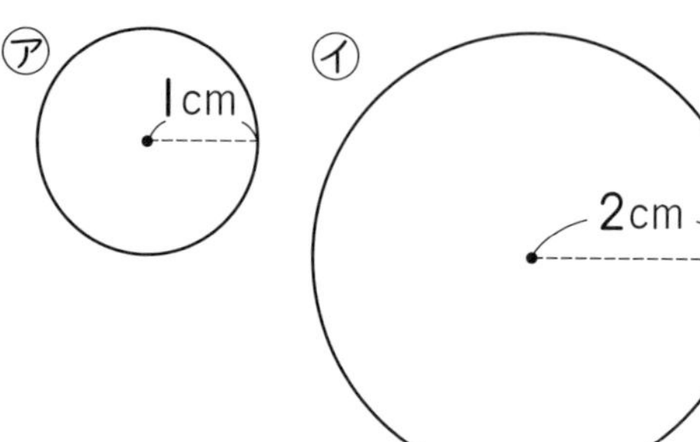

② ㋐の面積を求めましょう。

（式）

③ ㋑の面積を求めましょう。

（式）

④ ㋑の面積は，㋐の面積の何倍になっていますか。

（式）

円の面積の求め方がわかったね！

答え ▶ 74ページ

いろいろな形の面積

月　日　10分
得点　点

1 次の図形の面積を求めましょう。　式5点，答え5点【20点】

①　（式）

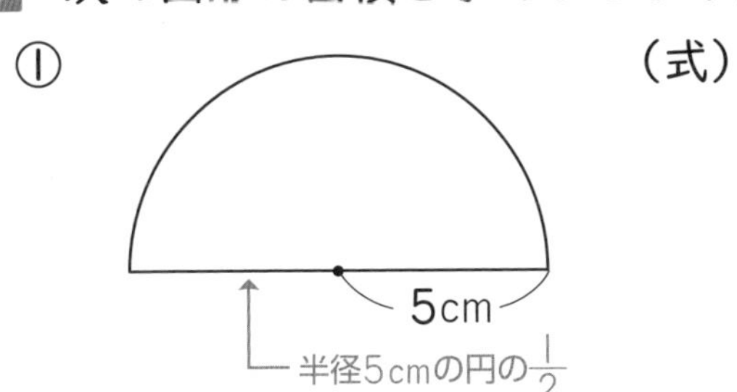

②　（式）

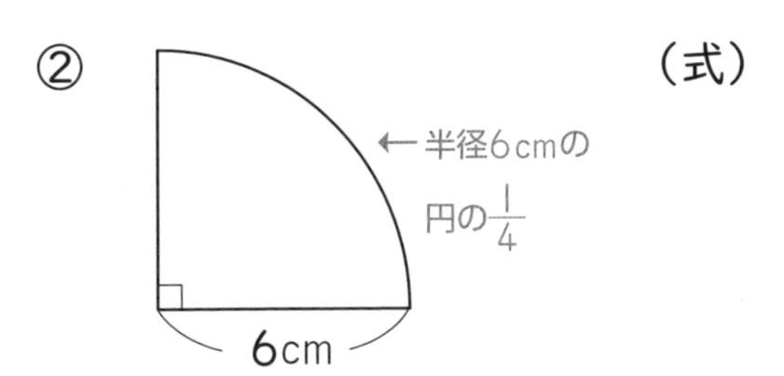

2 次の図の色がついた部分の面積を求めます。□にあてはまる数を書きましょう。　1つ4点【20点】

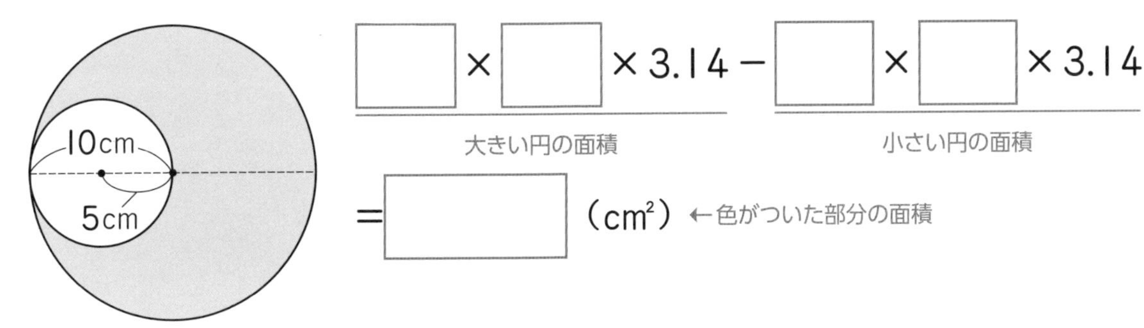

3 次の図の色がついた部分の面積を求めましょう。　式5点，答え5点【10点】

（式）

4 次の図形の面積を求めましょう。

式5点，答え5点【30点】

①

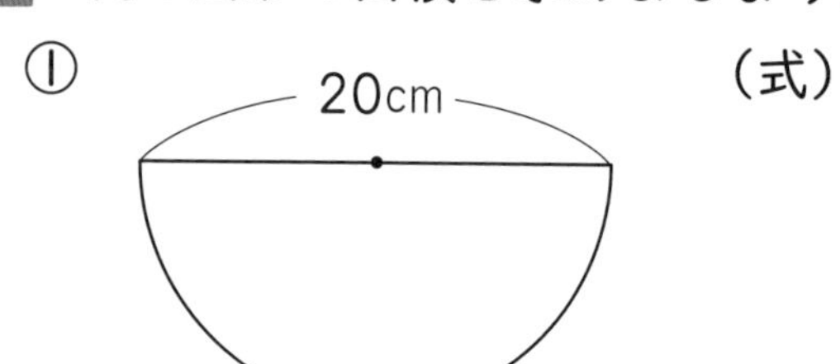

（式）

（　　　　　　）

②

16cm

（式）

（　　　　　　）

③

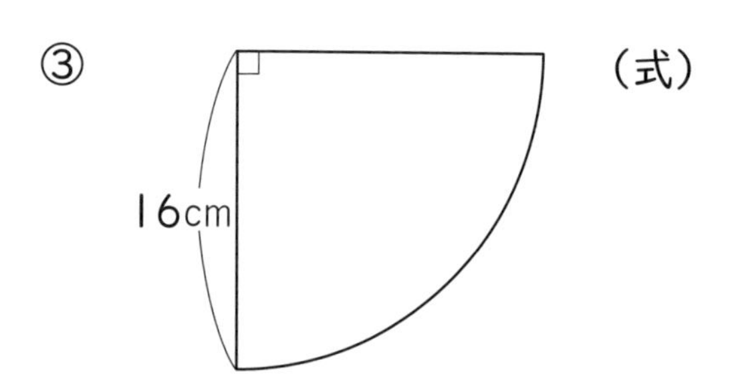

（式）

（　　　　　　）

5 次の図の色がついた部分の面積を求めましょう。

式5点，答え5点【20点】

①

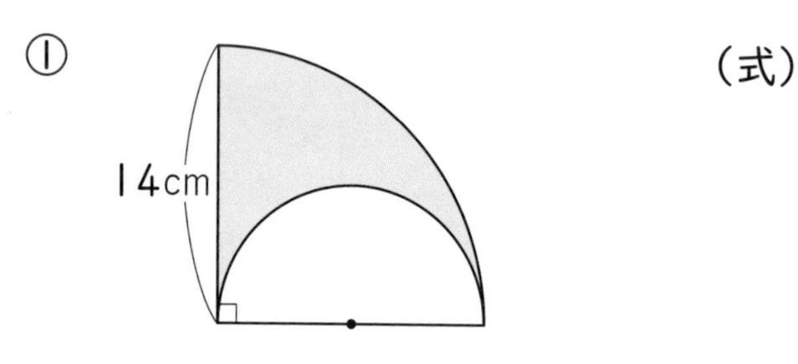

（式）

（　　　　　　）

②

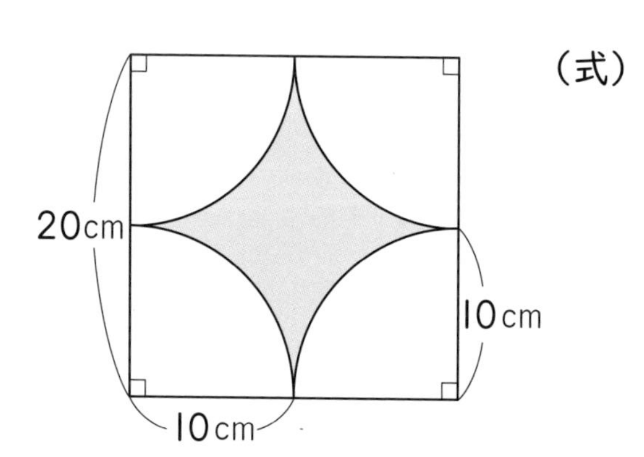

（式）

（　　　　　　）

よくがんばったね。次はパズルだよ！

答え ▶ 74ページ

［目指せ，名たんてい！］

❶ ダイヤがぬすまれました。

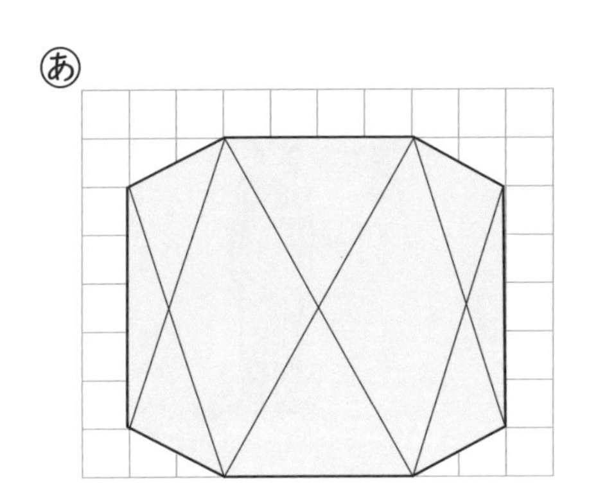

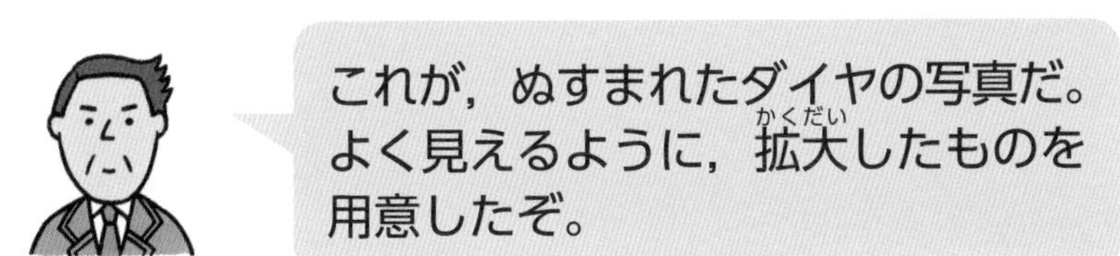

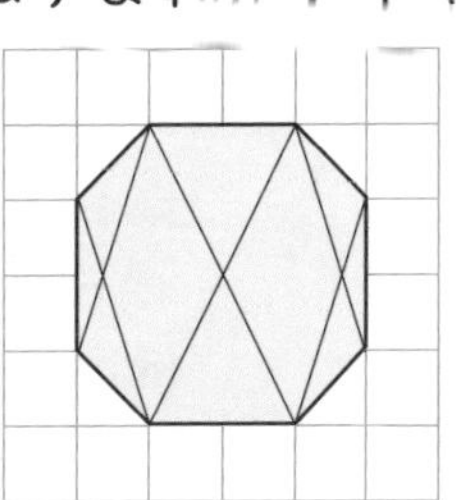

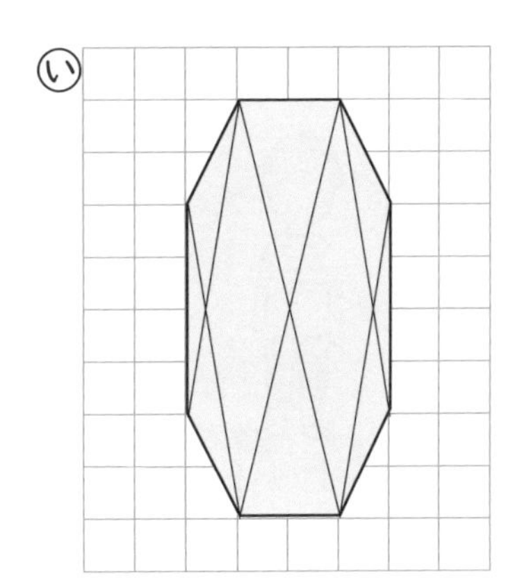

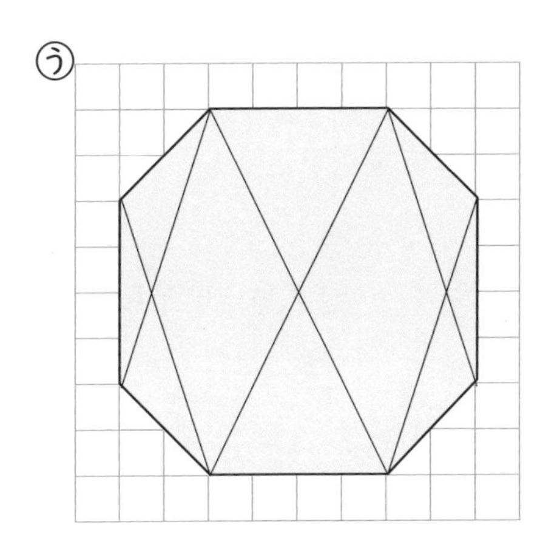

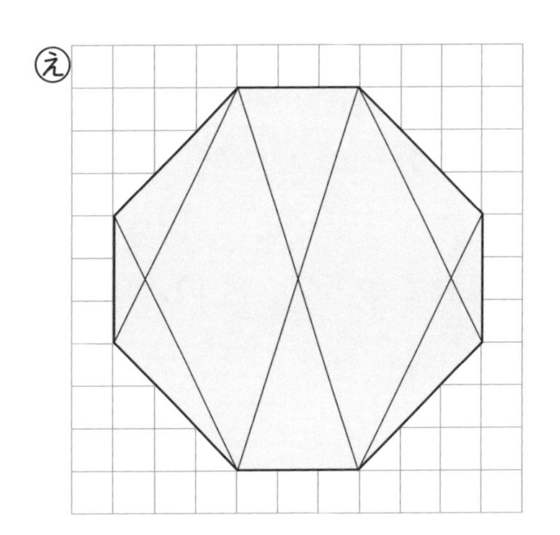

え

あ～えのうち，ぬすまれたダイヤを拡大した図はどれですか。

答え

❷ 防犯カメラに，犯人の姿(すがた)が映(うつ)っていました。

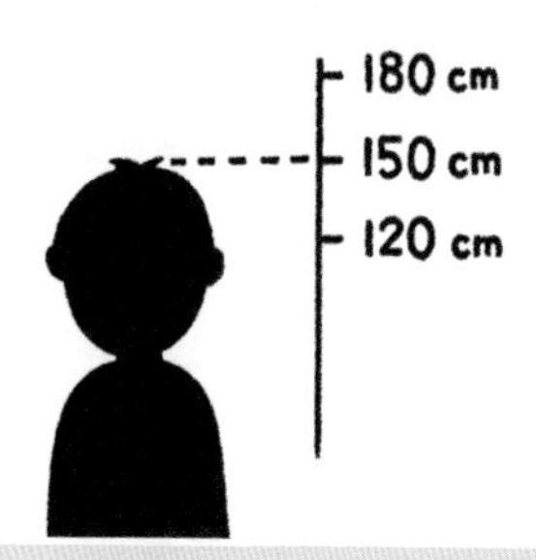

これで，犯人の身長は，大体わかったな。
でも顔が見えないな。
他の防犯カメラも調べよう。

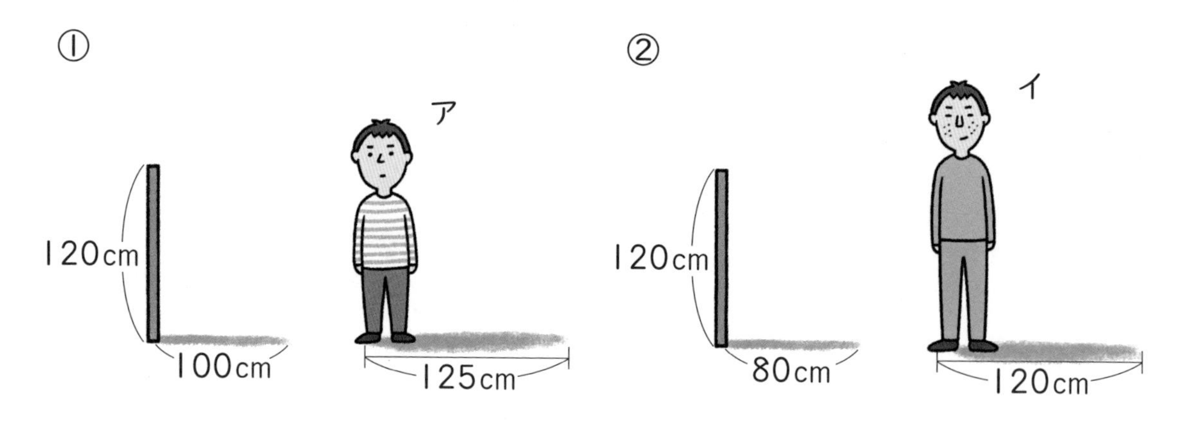

①と②に映っているポールは，どちらも高さは120cmですが，映った時間がちがうので，かげの長さがちがっています。

かげの長さからア，イの人物の身長を求め，どちらが犯人か判断してください。

答え

答え ▶ 75ページ

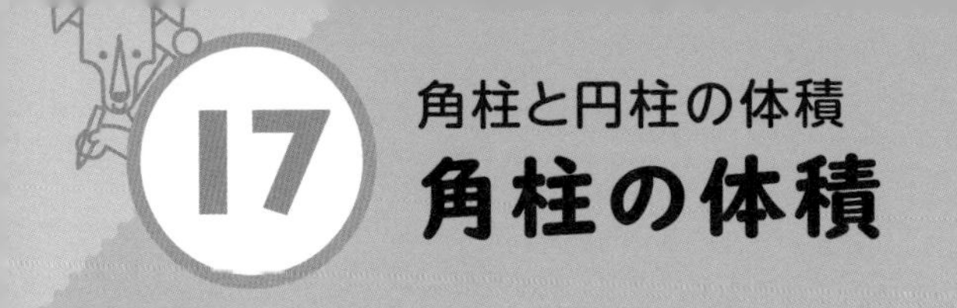

17 角柱と円柱の体積
角柱の体積

月　日　10分
得点　点

1 右の図のような四角柱の体積について答えましょう。　式5点，答え5点【20点】

① 直方体の公式を使って体積を求めましょう。

（式）

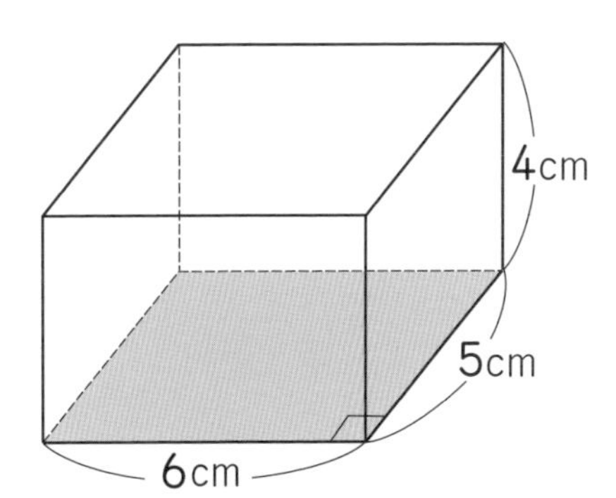

（　　　　　）

② 底面積（色をつけた部分）を使って体積を求めましょう。

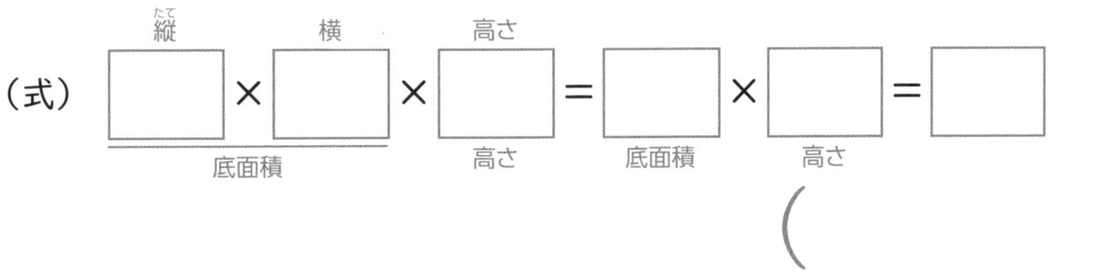

（　　　　　）

2 右の図のような三角柱の体積を，次の順で求めましょう。式5点，答え5点【20点】

① 右の図の底面積（色をつけた部分）を求めなさい。

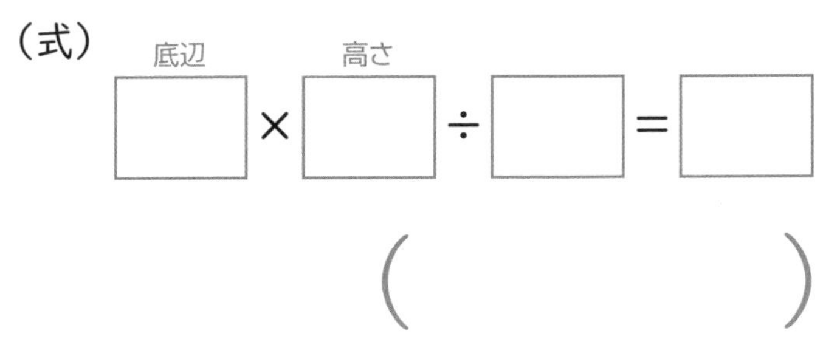

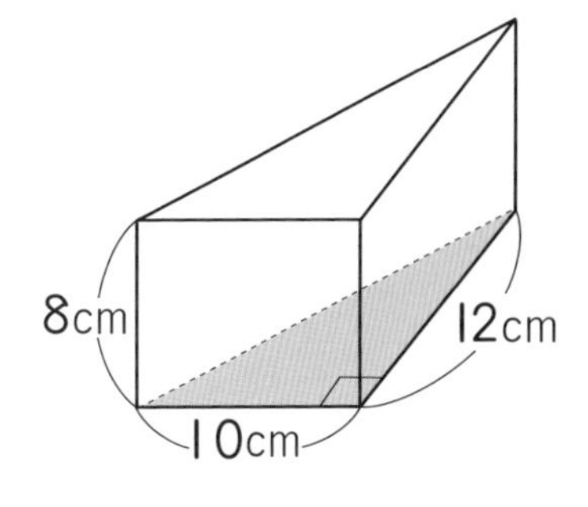

（　　　　　）

② 体積を求めましょう。

（式）

角柱の体積=底面積×高さ

（　　　　　）

次の角柱の体積を求めましょう。

式5点，答え5点【60点】

①

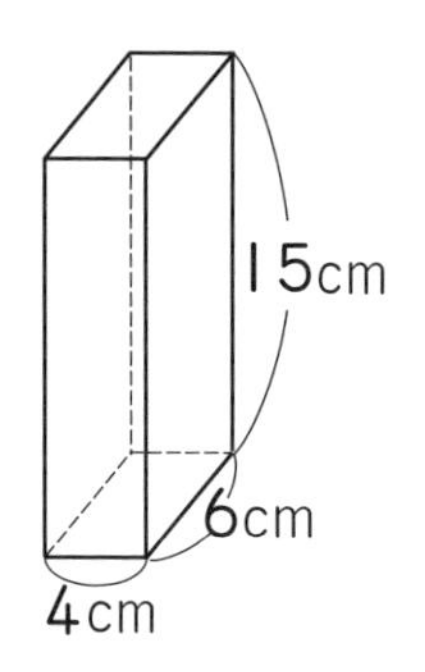

（式）

（　　　　　　）

②

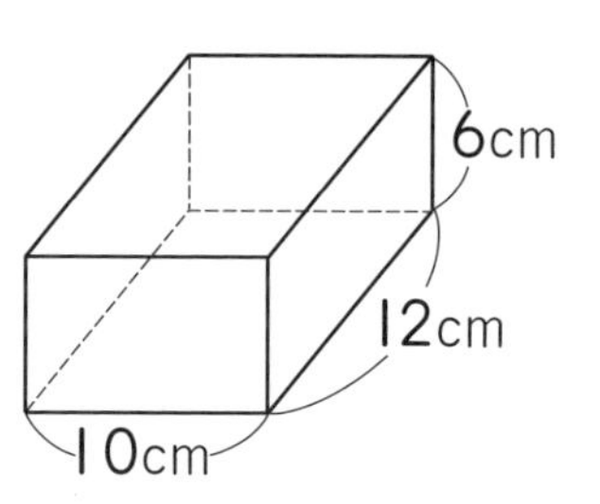

（式）

（　　　　　　）

③

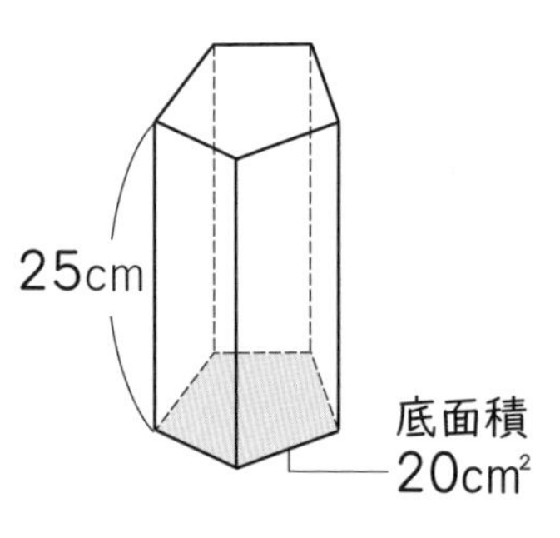

（式）

（　　　　　　）

④

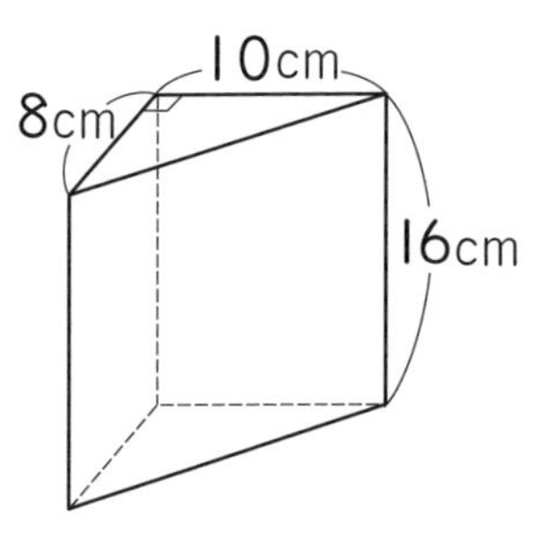

（式）

（　　　　　　）

⑤

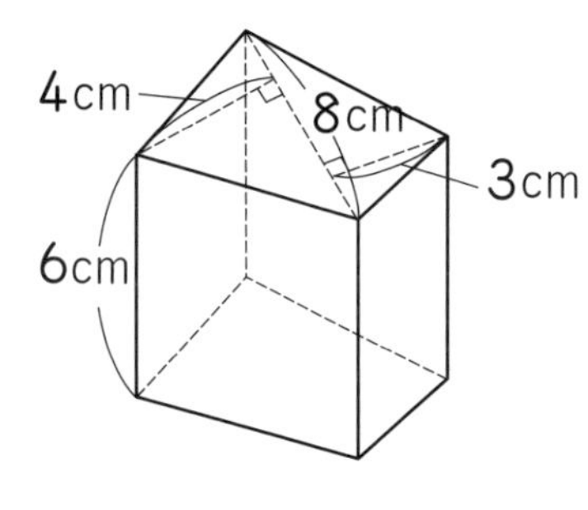

（式）

（　　　　　　）

⑥

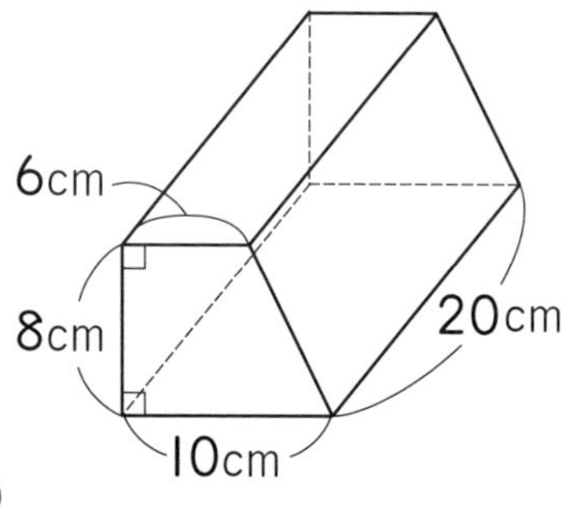

（式）

（　　　　　　）

半分まできたよ。のこりもがんばろう！

答え ▶ 75ページ

18 角柱と円柱の体積
円柱の体積

1 右の図のような，直径が8cm，高さが15cmの円柱の体積を①，②の順に求めましょう。

式5点，答え5点【20点】

① この円柱の底面積を求めましょう。

（式）

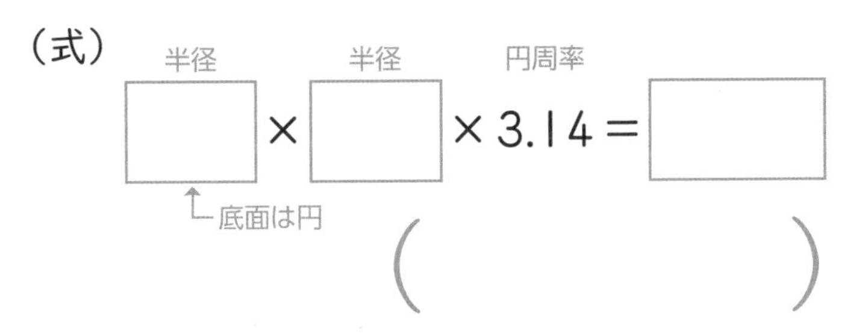

（　　　　　）

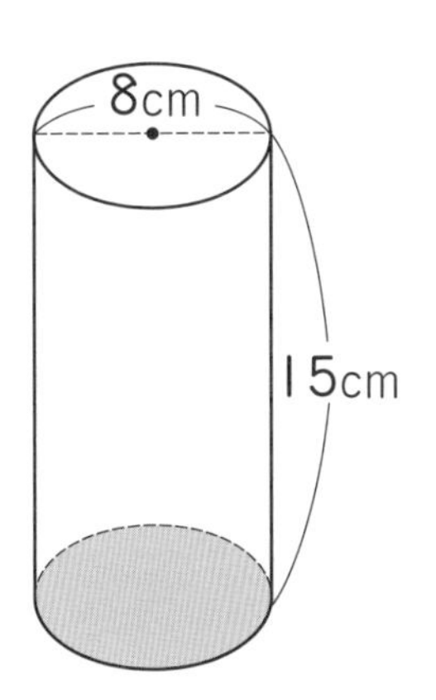

② この円柱の体積を求めましょう。

（式）

（　　　　　）

円柱の体積＝底面積×高さ

2 右のような円柱の体積を求めましょう。

式5点，答え5点【20点】

① この円柱の底面積を求めましょう。

（式）

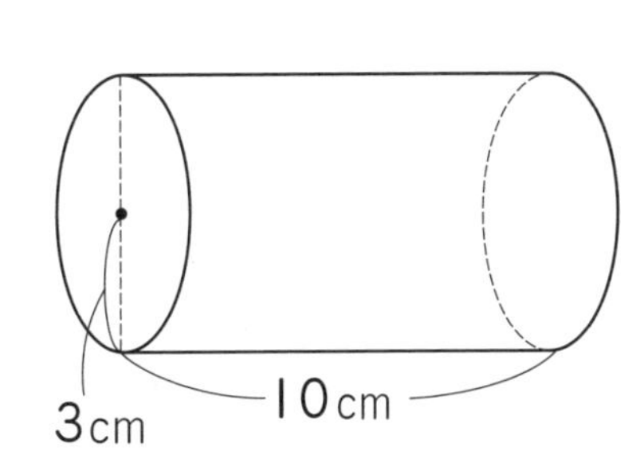

（　　　　　）

② この円柱の体積を求めましょう。

（式）

（　　　　　）

円柱がたおれていても，
底面は円だね。

3 次の円柱の体積を求めましょう。

式5点，答え5点【60点】

①

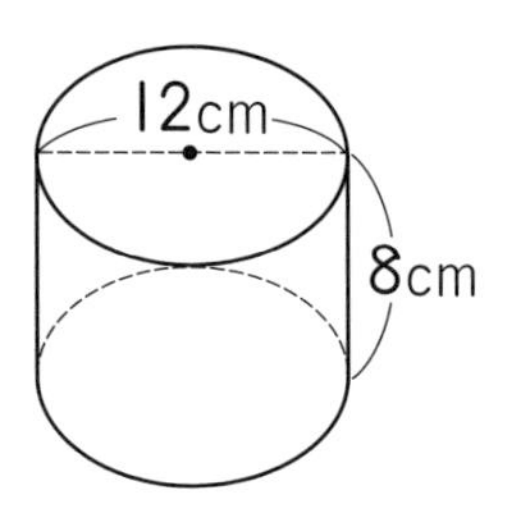

（式）

（　　　　　　）

②

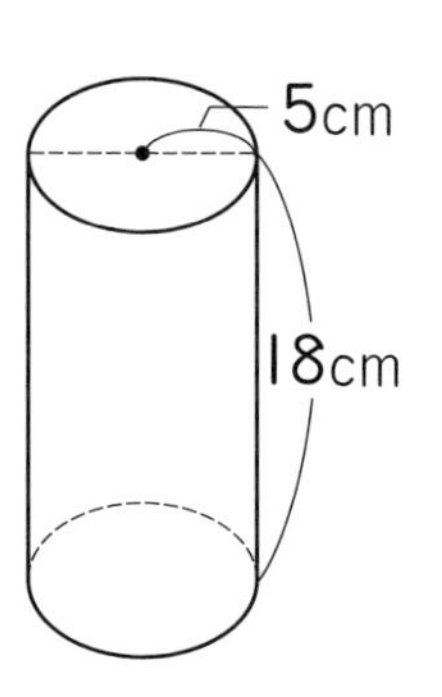

（式）

（　　　　　　）

③

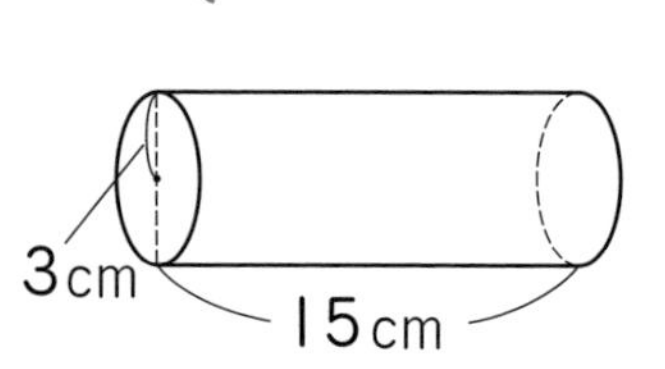

（式）

（　　　　　　）

④

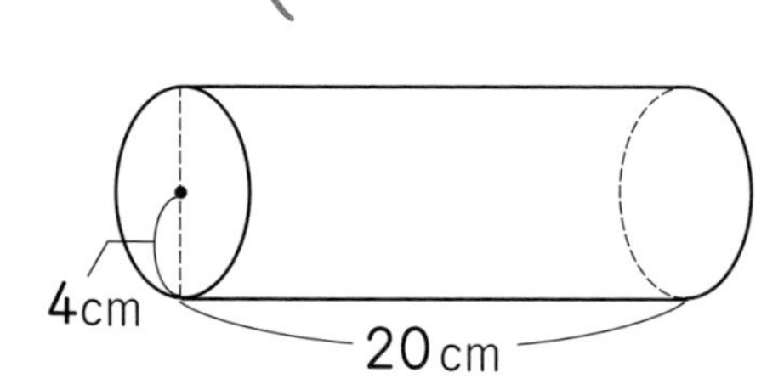

（式）

（　　　　　　）

⑤

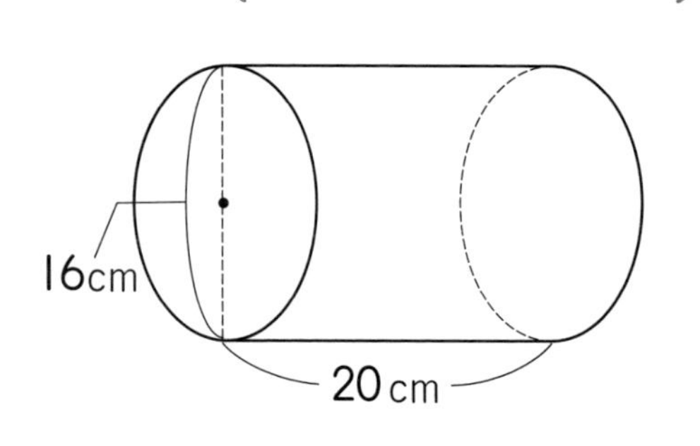

（式）

（　　　　　　）

⑥

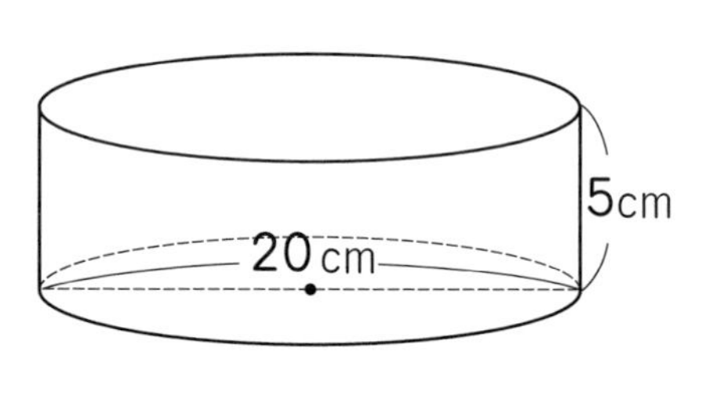

（式）

（　　　　　　）

角柱や円柱の体積はばっちりだね！

答え ▶ 75ページ

角柱と円柱の体積

19 いろいろな立体の体積

1 右の図のような立体の体積について答えましょう。 式5点，答え5点【30点】

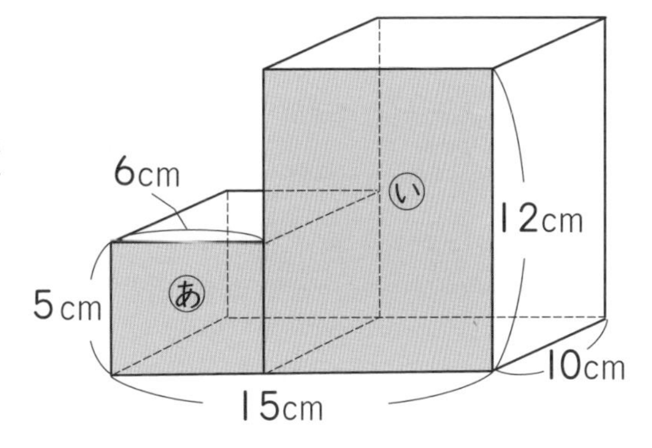

① あといの2つの直方体に分けて体積を求めましょう。

（式）

（　　　　　）

② 色をつけた面を底面とみて考えたときの，底面積を求めましょう。

（式）

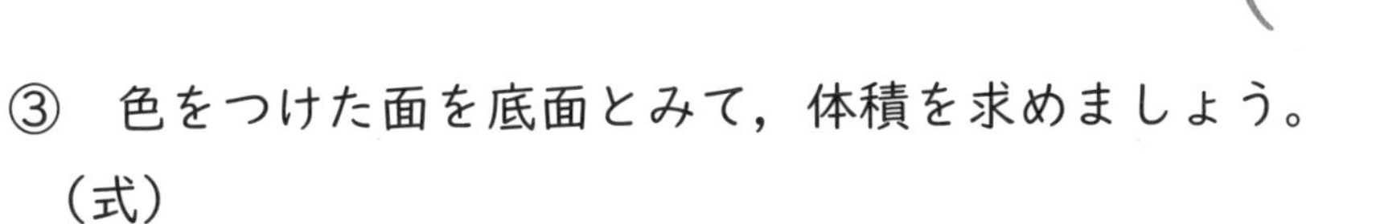

（　　　　　）

③ 色をつけた面を底面とみて，体積を求めましょう。

（式）

（　　　　　）

2 右の図のような立体の体積を求めましょう。 式5点，答え5点【10点】

（式）

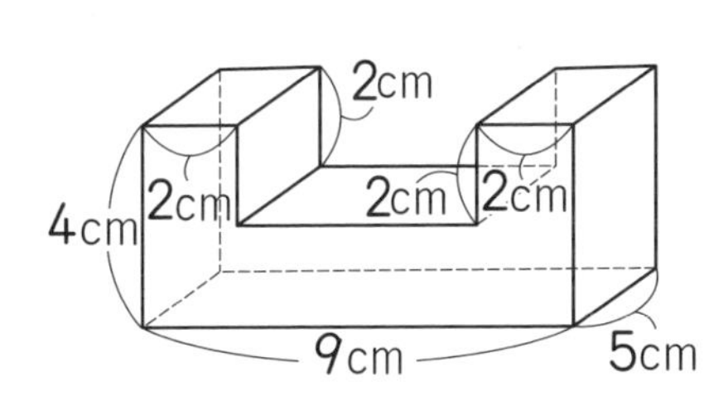

（　　　　　）

3 次の立体の体積を求めましょう。

式5点，答え5点【60点】

①

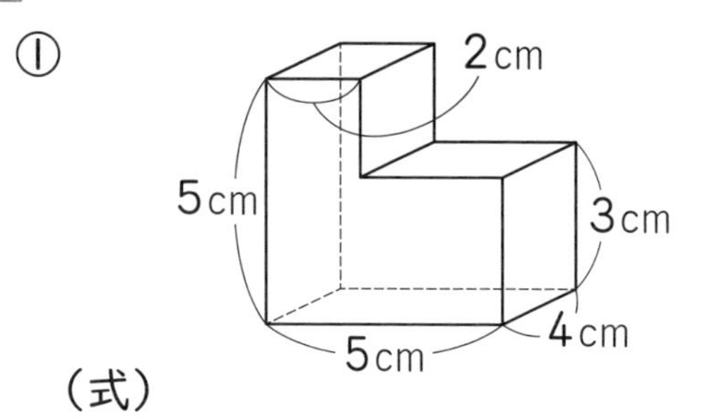

（式）

（　　　　）

②

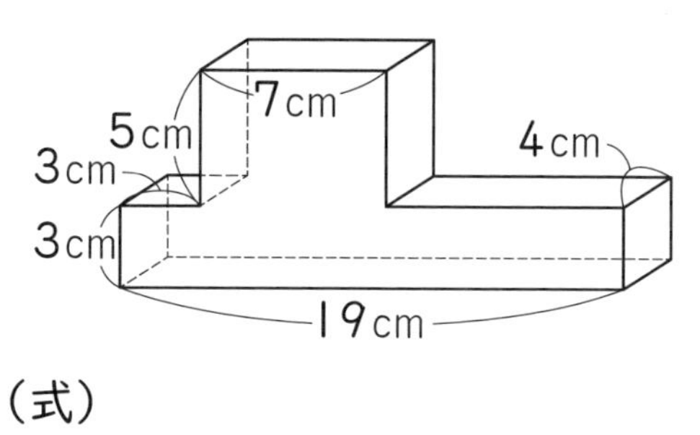

（式）

（　　　　）

③

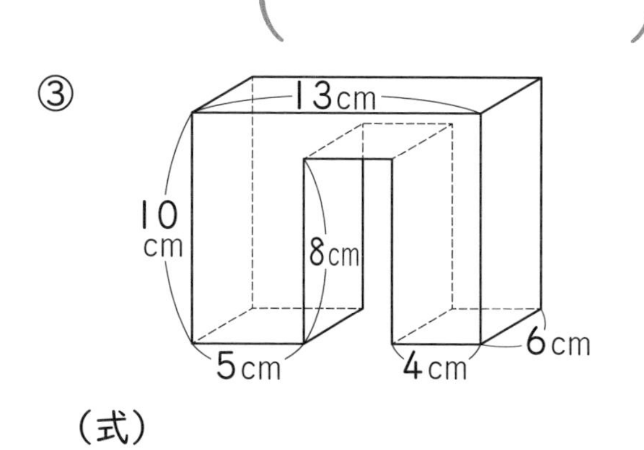

（式）

（　　　　）

④

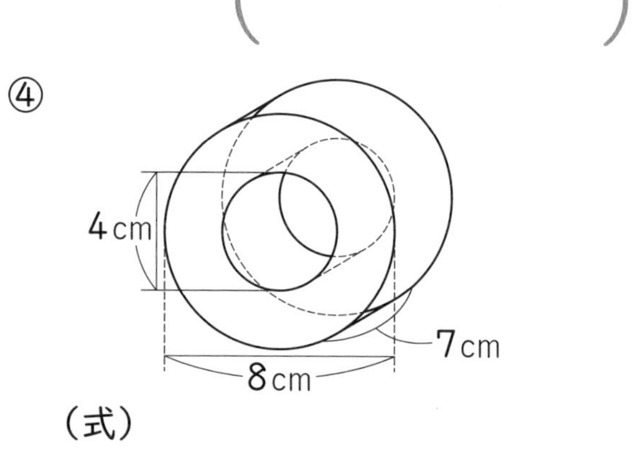

（式）

（　　　　）

⑤

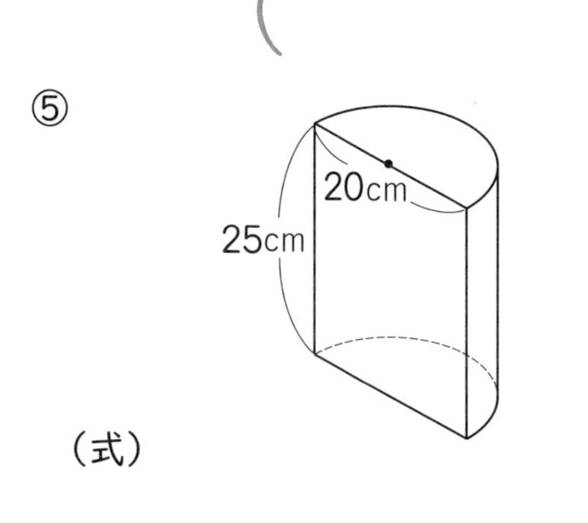

（式）

（　　　　）

⑥

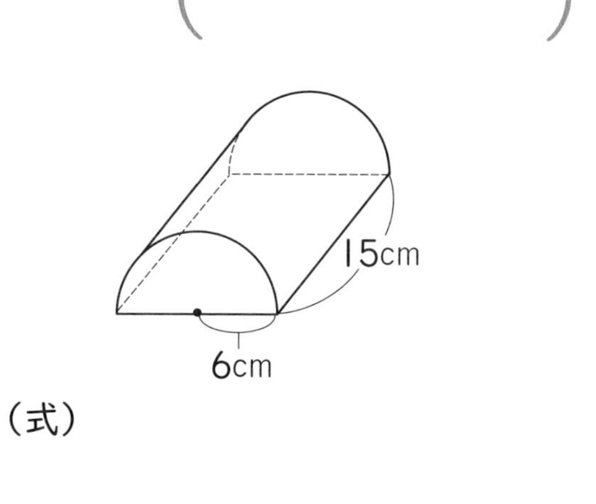

（式）

（　　　　）

答え ▶ 76ページ

20 およその面積と体積
およその面積

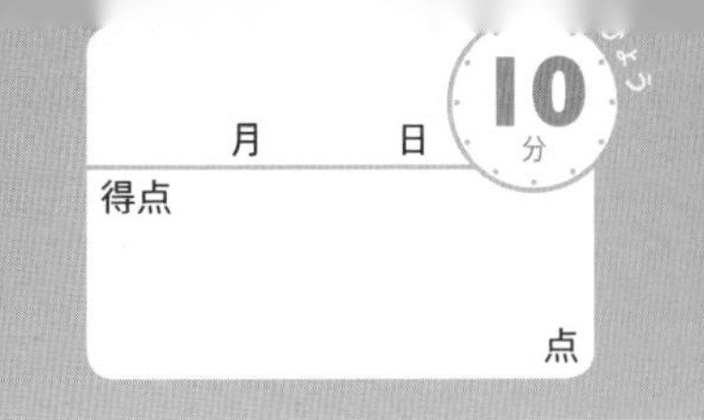

1 右の図のような池があります。
この池の形を長方形とみて，この池のおよその面積を求めましょう。

式10点，答え10点【20点】

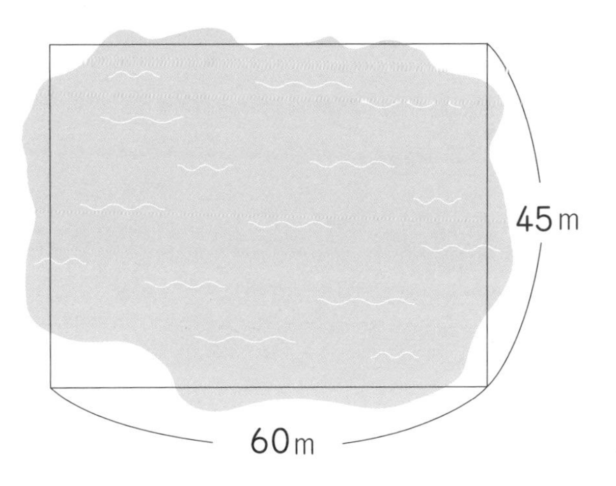

（式）

（約　　　　m^2）

2 下の地図を利用して，千葉県（ちば）のおよその面積を求めます。千葉県を下の図のような三角形ABC（エービーシー）で考えることにします。千葉県の面積はおよそ何km^2になりますか。

式10点，答え10点【20点】

（式）

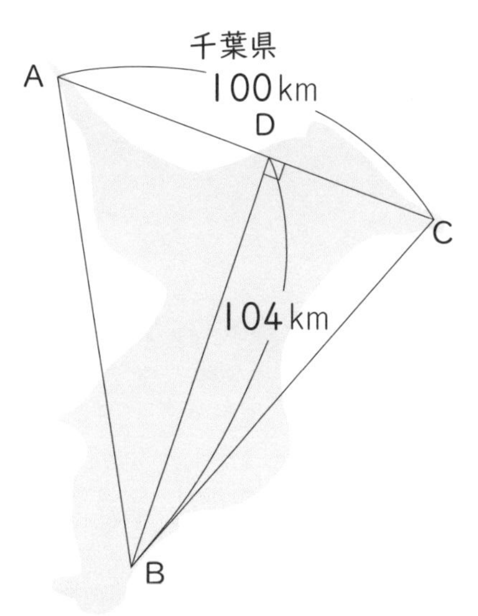

（　　　　）

3 右の図のような野球場のおよその面積を求めましょう。

式10点，答え10点【20点】

（式）

（　　　　　）

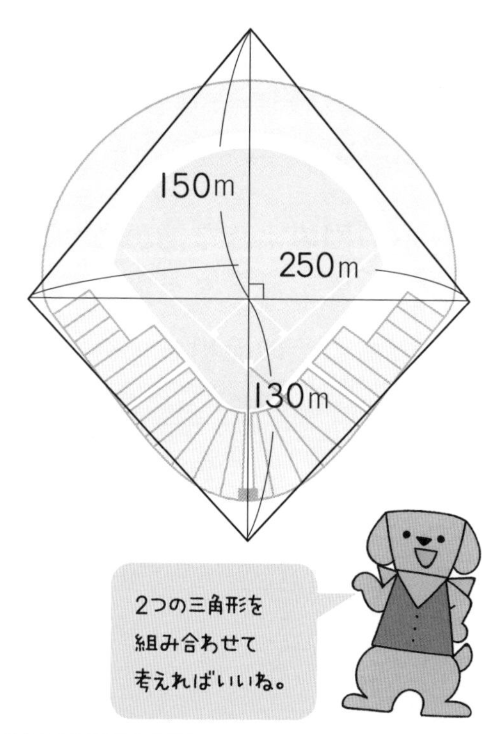

4 右の地図は，秋田県の田沢湖を表しています。面積を求めるために，田沢湖の形を，図の点線の円で考えることにしました。

①②10点，③式10点，答え10点【40点】

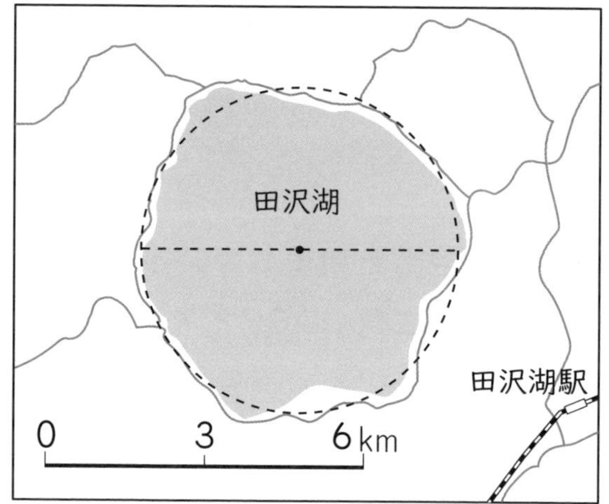

① この円の直径は何cmですか。

（　　　　　）

② この円の直径の実際の長さはおよそ何kmですか。

（　　　　　）

③ 田沢湖のおよその面積は何km^2ですか。

（式）

（　　　　　）

広い面積も求められることがわかったね！

答え ▶ 76ページ

21

およその面積と体積

およその体積

1 右のようななべがあります。このなべを円柱の形とみて，およその容積を求めましょう。

式7点，答え7点【14点】

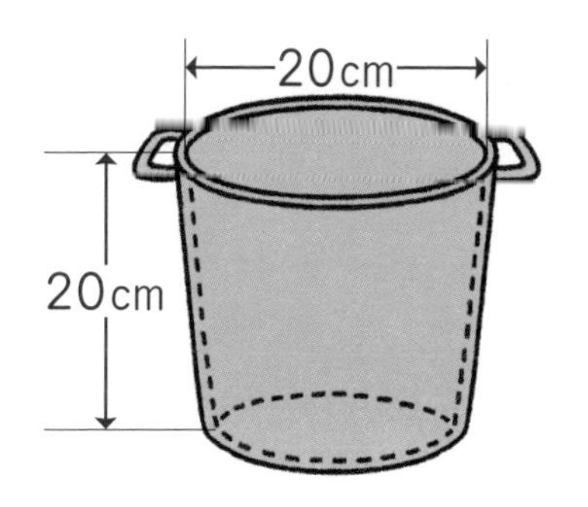

（式）

（　　　　　　）

2 右のような石けんがあります。この石けんのおよその体積を求めましょう。式7点，答え7点【14点】

（式）

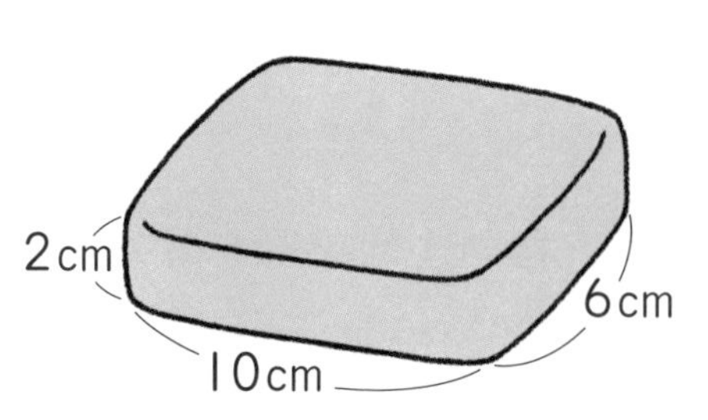

（　　　　　　）

3 右の図のような体育館を四角柱とみて，およその体積を求めましょう。

式7点，答え7点【14点】

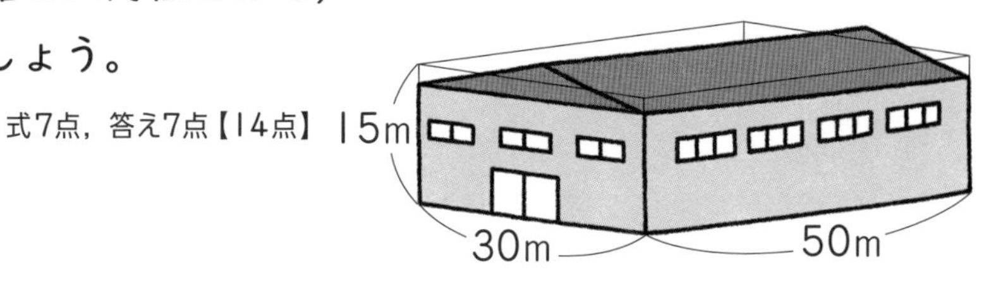

（式）

（　　　　　　）

単位に注意しよう！

4 右の図のような植木ばちのおよその容積を求めましょう。 式7点，答え7点【14点】

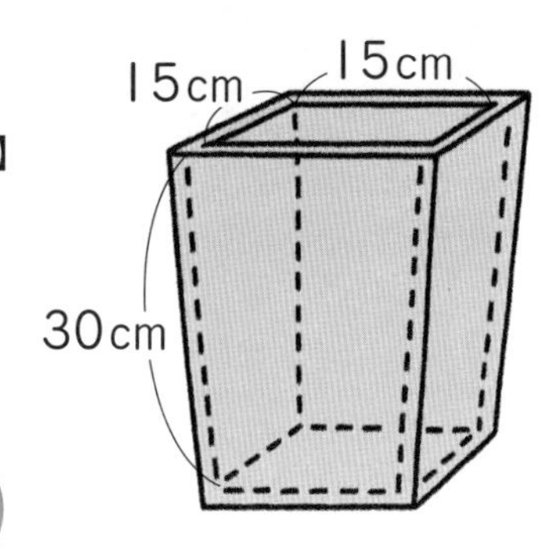

（式）

（　　　　　　）

5 右の図のようなウエットティッシュペーパーの容器のおよその体積を求めましょう。 式8点，答え8点【16点】

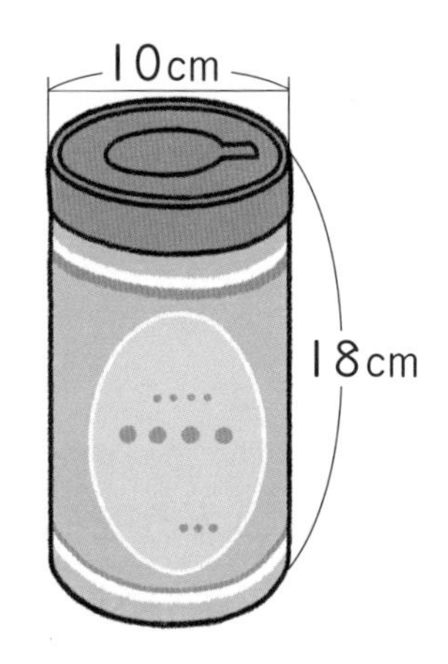

（式）

（　　　　　　）

6 右のような形をした池があります。この池の面積や体積について，次の問いに答えましょう。

式7点，答え7点【28点】

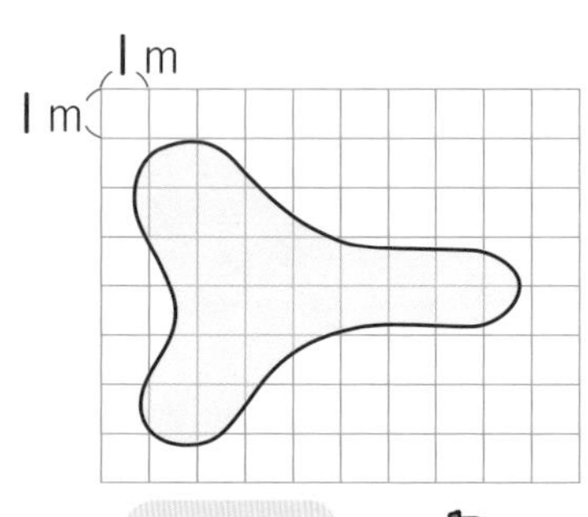

① この池のおよその面積を求めましょう。

（式）

（　　　　　　）

② 池の深さはどこも0.5mです。池に入る水の体積はどれくらいですか。

（式）

（　　　　　　）

答え ▶ 76ページ

22 比例と反比例
比例の性質

月　日　10分

得点

点

1 下の表で，2つの量が比例(ひれい)していれば○を，比例していなければ×を（　）に書きましょう。

1つ3点【12点】

① 水そうに水を入れるときの時間x(エックス)分と深さy(ワイ)cm

（2倍 → 3倍）

時間x（分）	1	2	3	4	5
深さy（cm）	3	6	9	12	15

（2倍 → 3倍）

（　　）

② ある針金の長さxmと重さyg

長さx（m）	2	4	6	8	10
重さy（g）	4	8	12	16	20

（　　）

③ ろうそくを燃やしたときの時間x分と残りの長さ$y$cm

時間x（分）	1	2	3	4	5
長さy（cm）	10	9.5	9	8.5	8

（　　）

④ えん筆の本数x本と重さyg

本数x（本）	5	10	15	20	25
重さy（g）	20	40	60	80	100

（　　）

・比例する2つの量では，一方の値(あたい)が2倍，3倍，…になると，他方の値も2倍，3倍，…になる。
・比例するxとyの関係は，y=決まった数×xと表すことができる。

2 下の表は，鉄の棒(ぼう)の長さと重さの関係を表したもので，重さ$y$kgは長さxmに比例します。表のあいているところにあてはまる数を書きましょう。

1つ4点【20点】

長さx（m）	1	2		4		6
重さy（kg）	3		9		15	

3 下の表は，針金(はりがね)の長さと重さの関係を表したものです。次の問題に答えましょう。

1つ4点【28点】

長さx(エックス)（m）	0.5	1	1.5	2	2.5
重さy(ワイ)（g）	80	160			

① 重さは，長さに比例しますか。 (　　　　)

② 表のあいているところにあてはまる数を書きましょう。

③ 長さが$\frac{1}{2}$倍，$\frac{1}{3}$倍，…になると，重さはどのように変わりますか。

(　　　　)

④ xとyの関係を式に表しましょう。 (　　　　)

4 下の表は，時速40kmで走る自動車の時間と道のりの関係を表したものです。次の問題に答えましょう。

1つ5点【40点】

時間x（時間）	1	2	3	4	5
道のりy（km）	40	80			

① 道のりは，時間に比例しますか。 (　　　　)

② 表のあいているところにあてはまる数を書きましょう。

③ 時間が$\frac{1}{2}$倍，$\frac{1}{3}$倍，…になると，道のりはどのように変わりますか。

(　　　　)

④ xとyの関係を式に表しましょう。 (　　　　)

⑤ 時間が2.5時間のときの道のりは何kmですか。 (　　　　)

次は比例のグラフの問題だよ！

答え ▶ 76ページ

比例のグラフ

1 下の表は，高さが4cmの平行四辺形の底辺x（cm）と面積y（cm²）の関係を表したものです。次の問題に答えましょう。 1つ6点【12点】

底辺x（cm）	1	2	3	4	5
面積y（cm²）	4	8	12	16	20

① 平行四辺形の面積は，底辺に比例しますか。

（　　　　　）

② 上の表をもとに，平行四辺形の底辺と面積の関係をグラフに表しましょう。

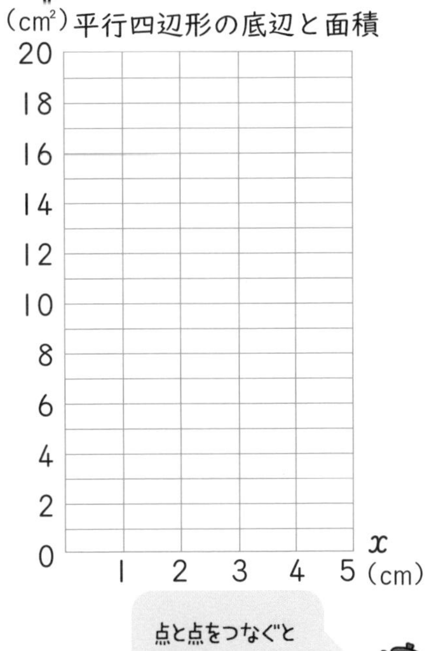

【グラフのかき方】
❶ 縦軸と横軸をかく。
❷ 縦軸と横軸の交わった点を0として，xの値，yの値をとる。
❸ 対応するx，yの値の組を表す点をとる。

点と点をつなぐと直線になるよ。

2 1mの重さが2kgのパイプの長さと重さの関係を，グラフに表しました。右のグラフを見て，次の問題に答えましょう。 1つ6点【18点】

① 長さが2mのときの重さは，何kgですか。

（　　　　　）

② 重さが6kgのときの長さは，何mですか。

（　　　　　）

③ パイプの重さは，長さに比例しますか。

（　　　　　）

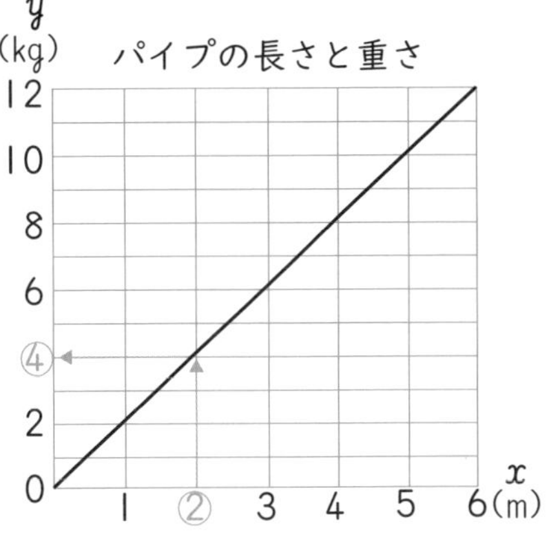

3 下の表は，正三角形の1辺の長さとまわりの長さの関係を表したものです。次の問題に答えましょう。

①1つ5点，②，③11点【42点】

1辺の長さ x（cm）	1	2	3	4	5
まわりの長さ y（cm）	3				

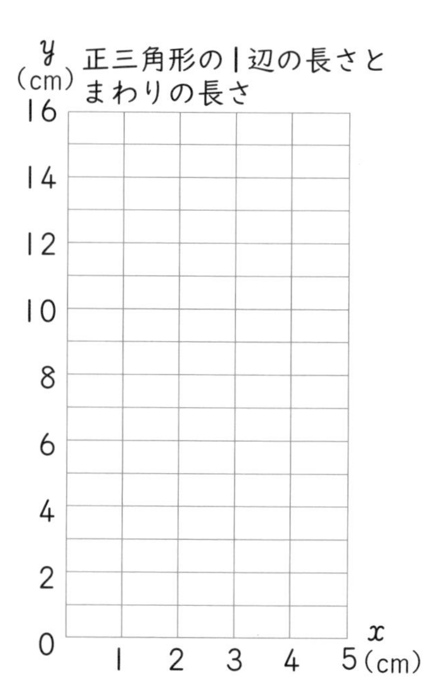

① 表のあいているところにあてはまる数を書きましょう。

② 上の表をもとに，正三角形の1辺の長さとまわりの長さの関係をグラフに表しましょう。

③ 右のグラフは，比例の関係を表しているといえますか。（　　　　）

4 右のグラフは，水そうに水を入れるときの，水を入れる時間と水の深さの関係を表したものです。次の問題に答えましょう。

1つ7点【28点】

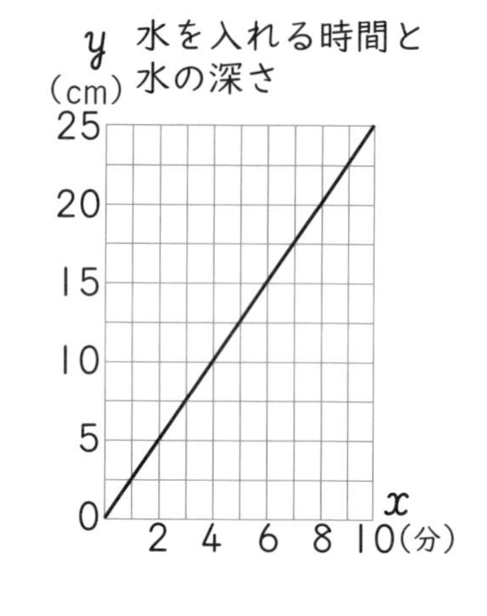

① 水を入れる時間が4分のときの水の深さは，何cmですか。（　　　　）

② 水を入れる時間が7分のときの水の深さは，何cmですか。（　　　　）

③ 水の深さが20cmのときの水を入れる時間は，何分ですか。（　　　　）

④ 水の深さは，水を入れる時間に比例しますか。（　　　　）

次は反比例だよ！

答え ▶ 77ページ

反比例の性質

月　日　10分

得点　　点

1 下の表で，2つの量が反比例していれば○を，反比例していなければ×を（　）に書きましょう。 1つ6点【24点】

① 面積が同じ長方形の，縦の長さ$x$cmと横の長さ$y$cm

x（cm）	1	2	3	4	5
y（cm）	60	30	20	15	12

（　　）

② 本を読んだページ数xと残りのページ数y

x（ページ）	10	30	50	70	90
y（ページ）	190	170	150	130	110

（　　）

③ 自動車が走った時間x時間と進んだ道のり$y$km

x（時間）	2	4	6	8	10
y（km）	80	160	240	320	400

（　　）

④ 同じ道のりを走る自動車の，時速$x$kmとかかる時間y時間

x（km）	10	20	30	40	50
y（時間）	6	3	2	1.5	1.2

（　　）

・xの値が2倍，3倍，…となるとき，yの値は$\frac{1}{2}$倍，$\frac{1}{3}$倍，…になる。
・xとyが反比例するとき，**$x \times y$=決まった数**と表すことができる。

2 下の表は，面積が30cm²の三角形の底辺の長さと高さの関係を表したもので，高さ$y$cmは底辺$x$cmに反比例します。表のあいているところにあてはまる数を書きましょう。 1つ6点【24点】

底辺x（cm）	2	3		5	
高さy（cm）	30		15		10

3 下の表は，面積が48cm²の平行四辺形の，底辺の長さと高さを表したものです。

1つ7点【21点】

底辺x（cm）	1	2	3	4	5
高さy（cm）	48	24	16	12	9.6

① xの値が2倍，3倍，…になると，yの値はどのように変わりますか。

（　　）

② xとyの積は何を表していますか。ことばで表しましょう。

（　　）

③ yはxに反比例していますか。

（　　）

4 下の表は，A地点からB地点までの間を，自動車でいろいろな速さで走るときの，時速とかかる時間を表したものです。

①1つ5点，②～④1つ7点【31点】

時速x（km）	10	20	30	40	50
かかる時間y（時間）	6	3	ア	1.5	イ

① 表のア，イにあてはまる数を書きましょう。

ア（　　）　イ（　　）

② xの値が2倍，3倍，…になると，yの値はどのように変わりますか。

（　　）

③ xとyの積は何を表していますか。ことばで答えましょう。

（　　）

④ xとyの間にはどのような関係がありますか。ことばで答えましょう。

よくできたね。おつかれさま！

答え ▶ 77ページ

比例と反比例

25 反比例のグラフ

月　日　得点　点　10分

1 下の表は，A地点からB地点まで自動車で行くときの，自動車の時速とかかる時間の関係を表したものです。次の問題に答えましょう。　1つ7点【14点】

時速 x（km）	10	20	30	40	60
時間 y（時間）	12	6	4	3	2

① 時間は，時速に反比例しますか。

（　　　　）

② 上の表をもとに，時速 x の値とかかる時間 y の値の組を右のグラフに表しましょう。

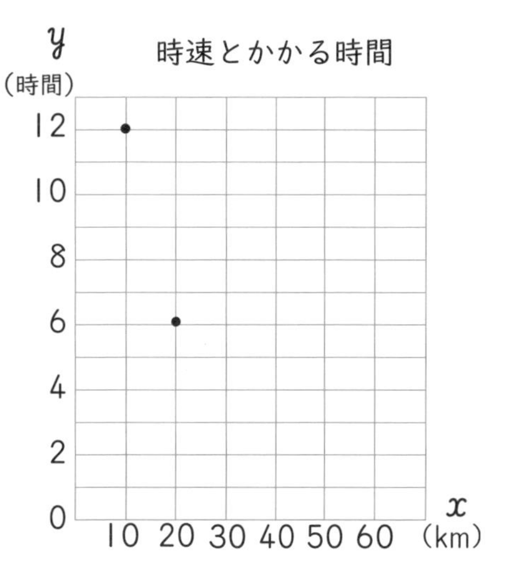

【グラフのかき方】

❶ 縦軸と横軸をかく。
❷ 縦軸と横軸の交わった点を0として，x の値，y の値をとる。
❸ 対応する x，y の値の組を表す点をとる。

縦軸と横軸が交わる点は通らないよ。

2 面積が12cm²の長方形の縦の長さと横の長さの関係を，グラフに表しました。グラフを見て，次の問題に答えましょう。　1つ7点【21点】

① 縦の長さが2cmのとき，横の長さは何cmですか。

（　　　　）

② 横の長さが1cmのとき，縦の長さは何cmですか。

（　　　　）

③ 縦の長さと横の長さは反比例しますか。

（　　　　）

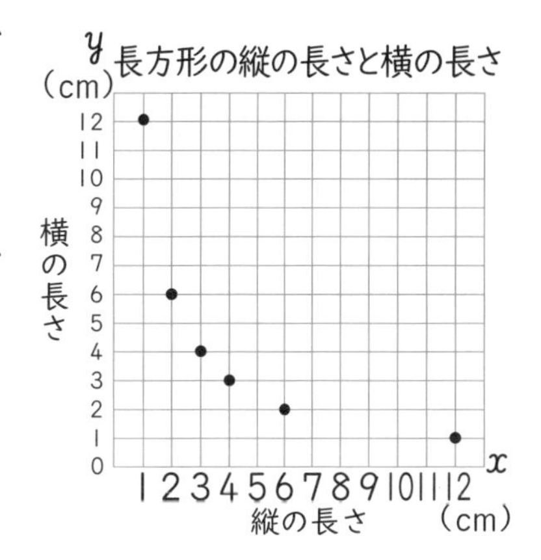

3 下の表は，面積が12cm²の三角形の底辺の長さ$x$cmと高さ$y$cmの関係を表したものです。次の問題に答えましょう。

①1つ5点，②③1つ6点【37点】

底辺x（cm）	2	3	4	6	8	12
高さy（cm）	12					

① 表のあいているところにあてはまる数を書きましょう。

② 上の表をもとに，三角形の底辺の長さxの値と高さyの値の組をグラフに表しましょう。

③ 右のグラフは，反比例の関係を表しているといえますか。（　　　）

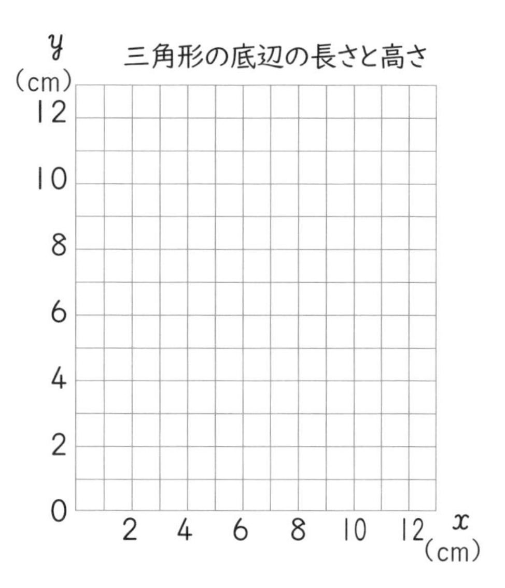

4 下のグラフは，水そうに水を入れるときの1時間に入れる水の量（xm³）と，水そうをいっぱいにするのにかかる時間（y時間）の関係を表したものです。次の問題に答えましょう。

1つ7点【28点】

水の量とかかる時間

y（時間）15, 10, 5, 0　x（m³）2, 4, 6, 8, 10

① xの値が2のとき，yの値はいくつですか。

（　　　）

② xの値が5のとき，yの値はいくつですか。

（　　　）

③ yの値が10のとき，xの値はいくつですか。

（　　　）

④ 水そうをいっぱいにするのにかかる時間は，1時間に入れる水の量に反比例しますか。

（　　　）

比例と反比例について，ばっちりだね！

答え ▶ 77ページ

26 ドットプロットと代表値

1 下の表は，6年1組の反復横とびの記録を表したものです。次の問題に答えましょう。

1つ15点（①は完答）【45点】

（単位　回）

①43	②39	③48	④44	⑤54	⑥58	⑦51	⑧47
⑨47	⑩46	⑪53	⑫54	⑬46	⑭50	⑮45	⑯53
⑰50	⑱42	⑲40	⑳48	㉑37	㉒56	㉓38	㉔49
㉕53	㉖41	㉗52	㉘39	㉙49			

① 6年1組の反復横とびの記録をドットプロットに表します。㉑～㉙の記録をドットプロットに表しましょう。

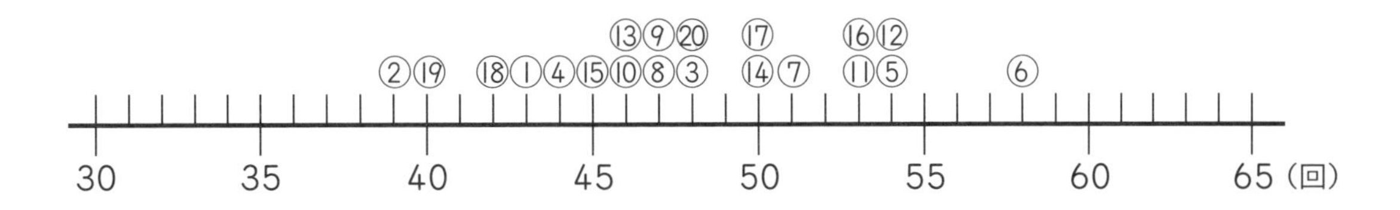

② 6年1組の反復横とびの記録の中央値を求めましょう。

資料を値の大きさの順に並べたときのちょうど真ん中の値を**中央値**という。

（　　　　　）

③ 6年1組の反復横とびの記録の最頻値を求めましょう。

資料の値の中で，いちばん多く出てくる値を**最頻値**という。

（　　　　　）

2 下の表は，6年1組と2組のソフトボール投げの記録を表したものです。次の問題に答えましょう。

①10点，②～④1つ15点（②は完答）【55点】

6年1組（単位m）

①31	②43	③28	④24	⑤32	⑥25	⑦31	⑧32
⑨39	⑩36	⑪30	⑫44	⑬26	⑭30	⑮29	⑯32

6年2組（単位m）

①40	②34	③35	④34	⑤32	⑥36	⑦33	⑧26
⑨37	⑩32	⑪31	⑫33	⑬24	⑭32	⑮24	

① 1組と2組のソフトボール投げの記録の平均値（へいきんち）を求めましょう。

1組（　　　　）　2組（　　　　）

② 1組と2組のソフトボール投げの記録をドットプロットに表しましょう。

〈1組〉

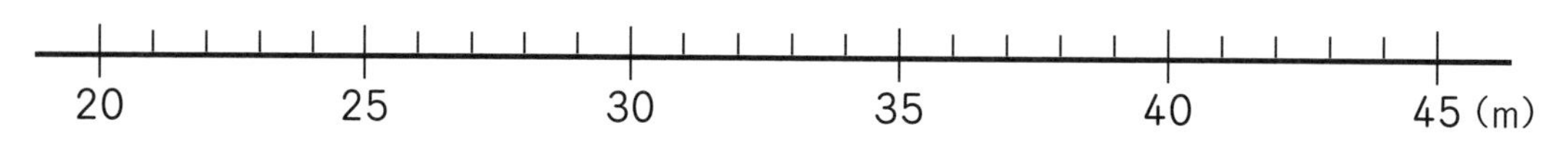

〈2組〉

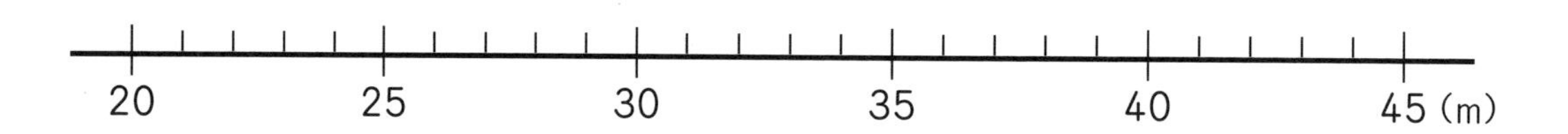

③ 1組と2組のソフトボール投げの記録の中央値を求めましょう。

1組（　　　　）　2組（　　　　）

④ 1組と2組のソフトボール投げの記録の最頻値（さいひんち）を求めましょう。

1組（　　　　）　2組（　　　　）

ドットプロットについて，わかったかな。

答え ▶ 78ページ

27

データの調べ方

度数分布表とヒストグラム①

月　　日　10分

得点

点

1 下の表は，6年1組と2組の女子の身長を度数分布表に整理したもので，6年2組の度数分布表は集計のと中です。次の問題に答えましょう。 1つ15点【45点】

6年1組の女子の身長

身長（cm）	人数（人）
130以上～135未満	1
135　～140	2
140　～145	4
145　～150	5
150　～155	3
155　～160	1
合　計	16

6年2組の女子の身長

身長（cm）	人数（人）
130以上～135未満	
135　～140	
140　～145	
145　～150	
150　～155	
155　～160	
合　計	

階級…データを整理するために区切った区間

階級の幅…階級の区間の幅

度数…それぞれの階級に入っているデータの個数

度数分布表…いくつかの階級に分けて整理した表

① 次のドットプロットは，6年2組の女子の身長を表したものです。このドットプロットをみて，上の6年2組の女子の身長の表を完成させましょう。

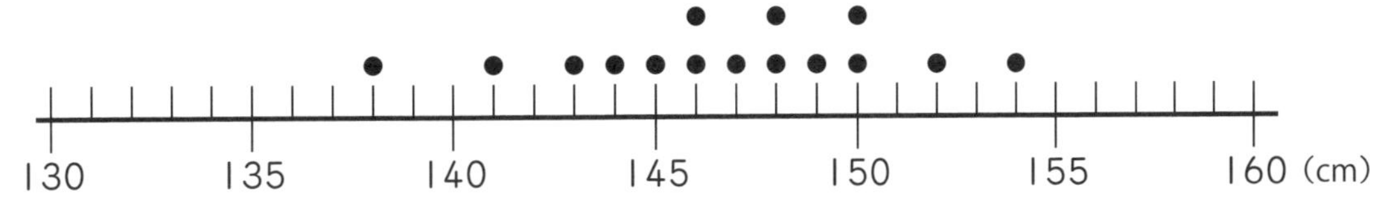

② 1組で，身長の高いほうから数えて3番め，7番めの女子は，それぞれ何cm以上何cm未満の階級に入っていますか。

3番めの女子（　　　　　　　　　）

7番めの女子（　　　　　　　　　）

2 **1**の6年1組の女子の身長を，度数分布表をもとにヒストグラムに表します。次の問題に答えましょう。 1つ20点【40点】

① 身長が140cm以上150cm未満の女子は，クラスの女子の人数のおよそ何%ですか。四捨五入(ししゃごにゅう)して整数で答えましょう。 (　　　　)

② 右の図は，6年1組の女子の身長をヒストグラムに表したものの一部です。残りを完成させましょう。

6年1組の女子の身長

身長（cm）	人数（人）
130以上～135未満	1
135　～140	2
140　～145	4
145　～150	5
150　～155	3
155　～160	1
合　計	16

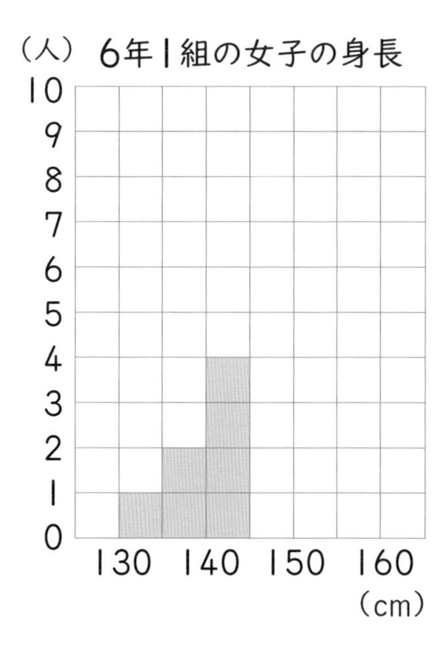

3 下の表は，6年1組の男子の身長を度数分布表に表したものです。この度数分布表をもとにヒストグラムに表しましょう。 【15点】

6年1組の男子の身長

身長（cm）	人数（人）
130以上～135未満	2
135　～140	3
140　～145	5
145　～150	8
150　～155	4
155　～160	1
合　計	23

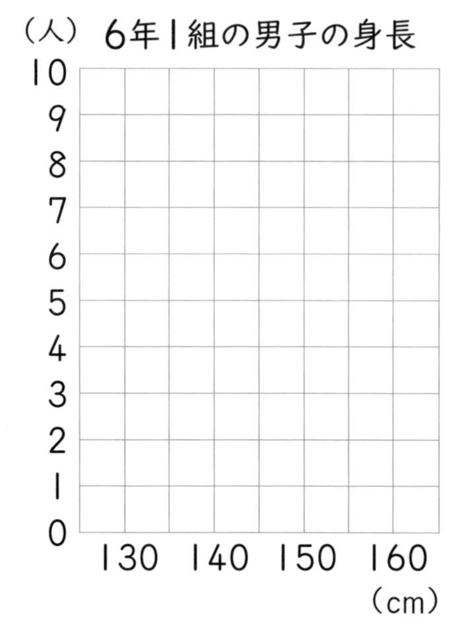

しっかり解けるようになってきたね。スゴイ！

答え ▶ 78ページ

28 データの調べ方
度数分布表とヒストグラム②

月　日　10分

得点　　点

1 下の資料は，6年1組の通学時間を表したものです。次の問題に答えましょう。

1つ10点【40点】

（単位　分）

①15	⑧12	⑭21	⑳16
②7	⑨15	⑮17	㉑22
③19	⑩12	⑯11	㉒15
④24	⑪14	⑰5	㉓8
⑤9	⑫13	⑱31	㉔9
⑥21	⑬27	⑲13	㉕17
⑦10			

通学時間（分）	人数（人）
5以上～10未満	
10　～15	
15　～20	
20　～25	
25　～30	
30　～35	
合計	25

① 上の資料をもとに，右の度数分布表にまとめましょう。

② 上の度数分布表の階級の幅（はば）を答えましょう。

（　　　　）

③ 20分以上の度数の合計を答えましょう。

（　　　　）

④ 20分以上の度数は，全体の度数の何%か答えましょう。

20分以上の階級の度数の和と合計の度数を比べよう！

（　　　　）

2 下の資料は，6年2組の通学時間を度数分布表に表したものです。次の問題に答えましょう。

1つ10点【60点】

通学時間（分）	人数（人）
5以上～10未満	3
10　～15	6
15　～20	7
20　～25	5
25　～30	4
30　～35	2
合計	27

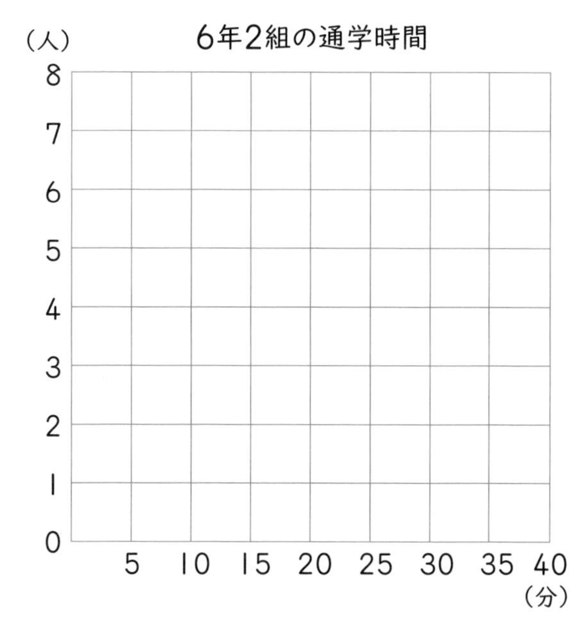

① 上の度数分布表をもとに，ヒストグラムに表しましょう。

② 平均値（へいきんち）は18分でした。平均値がふくまれるのは，どの階級ですか。

（　　　　　　）

③ 3番めに人数が多いのは，どの階級ですか。

（　　　　　　）

④ 中央値は，通学時間が長いほうから数えて，何番めの児童の通学時間ですか。

（　　　）

⑤ 中央値がふくまれるのは，どの階級ですか。

（　　　　　　）

⑥ りえさんと同じ階級には他に4人がいます。りえさんの通学時間がふくまれるのは，どの階級ですか。

（　　　　　　）

次はいろいろなグラフをみてみよう！

答え ▶ 78ページ

29 データの調べ方
いろいろなグラフ

10分

月　日

得点　点

1 下のグラフは，1987年と2017年の日本の男女別，年れい別人口を表しています。次の問題に答えましょう。

1つ10点【30点】

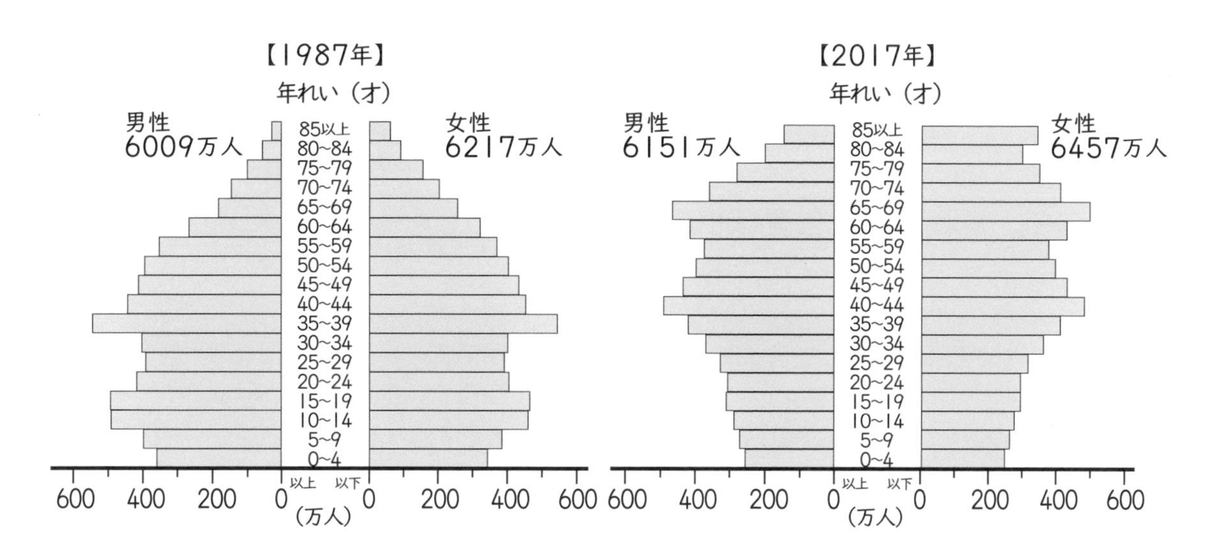

① 1987年の女性，2017年の男性で，いちばん人口が多い年れいのはんいを答えましょう。

グラフからいちばん人口が多いところを読み取る。

1987年の女性（　　　　　　　　）

2017年の男性（　　　　　　　　）

② 2つのグラフから，どのようなことがわかりますか。

2 右のグラフのように，列車の運行の様子を表したグラフをダイヤグラムといいます。このダイヤグラムから次のことを読み取りましょう。 1つ10点【50点】

① 上りふつう列車が中山駅に着く時刻。

(　　　　)

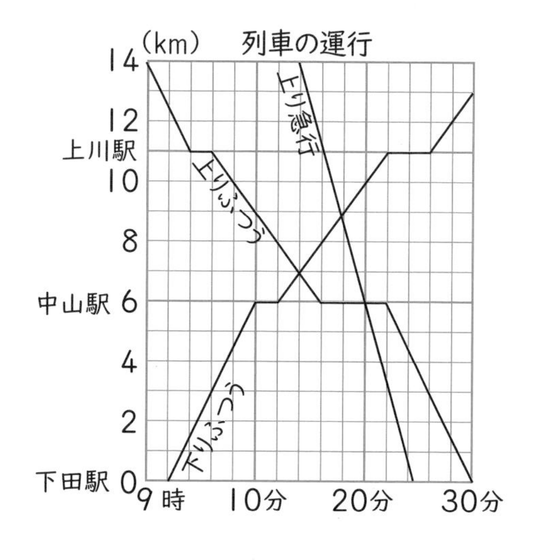

② 上りふつう列車と下りふつう列車がすれちがう時刻。

(　　　　)

③ ②で，すれちがう位置は中山駅からどちらの駅の方向に何kmのところですか。

(　　　　)

④ 上りの急行列車が上りのふつう列車を追いこす位置と時刻。

位置(　　　　)　時刻(　　　　)

3 次の①～④は，どのようなグラフに表すとよいですか。最も適するグラフを，ア～エの中から選び，記号で答えましょう。 1つ5点【20点】

ア 棒グラフ

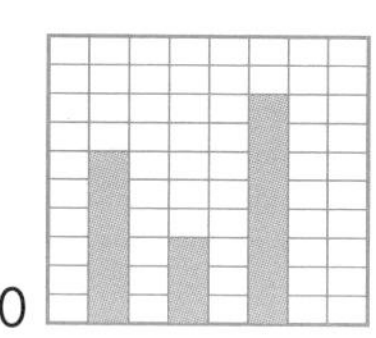

イ 折れ線グラフ

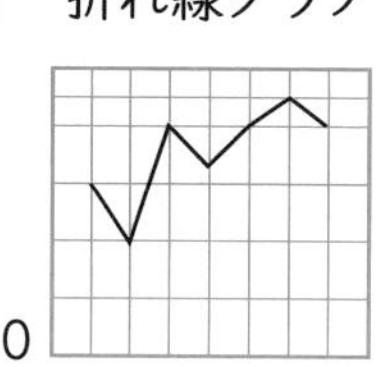

ウ 円グラフ
帯グラフ

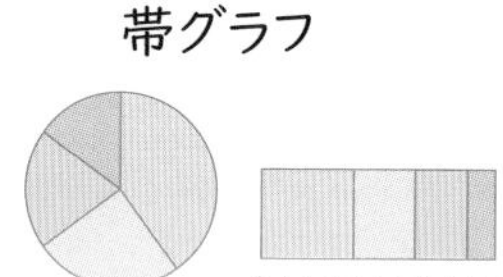

エ ドットプロット
ヒストグラム

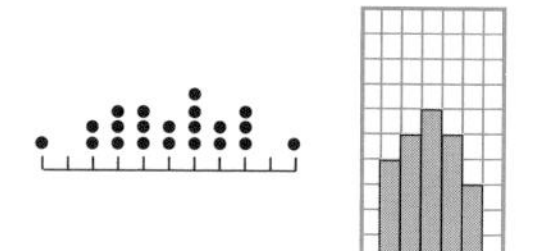

① 家の畑でとれたじゃがいもの重さのちらばりの様子 (　　)

② 都道府県別のなすの収かく量の割合 (　　)

③ 図書館の月ごとの貸し出し冊数 (　　)

④ Aさんのある日の1日の体温の変化 (　　)

がんばって取り組めたね。すごいぞ！

30 場合の数

並べ方

月　日　10分

得点　　点

1 かずのりさん（A），たつやさん（B），まさとさん（C），よしきさん（D）の4人がリレーの選手に選ばれました。次の問題に答えましょう。

1つ10点（①②完答）【30点】

① かずのりさん（A）が第1走者のとき，走る順番はどのようなものがありますか。次の図の□にあてはまる記号を書きましょう。

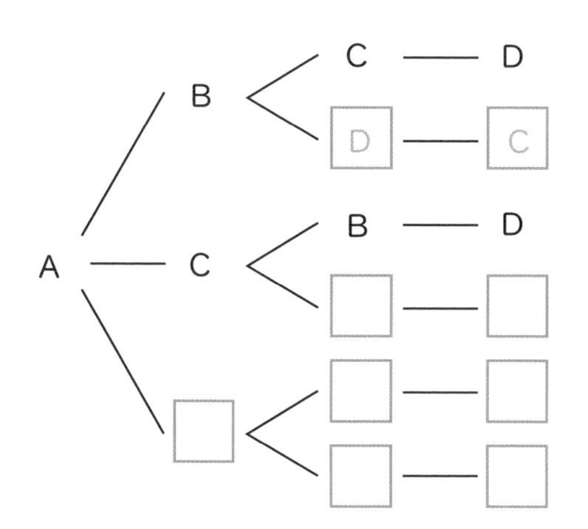

起こりうるすべての場合をかいた左のような図を樹形図という。

落ちや重なりがないように，アルファベット順や小さい順に書き出すといいね。

② たつやさん（B）が第1走者のときの走る順番について，①にならって図をかきましょう。

③ 4人の走る順番は，全部で何通りありますか。（　　　　）

2 えりさん（A），かおりさん（B），ゆみさん（C）の3人が横に1列に座ります。何通りの座り方がありますか。【15点】

（　　　　）

3 コインを3回続けて投げます。表と裏の出方にはどんな場合がありますか。表を○，裏を●で表し，すべて書き出しましょう。【15点】

（　　　　）

4 [0]，[1]，[2]，[3]のカードが1枚ずつあります。これらのカードを並べて4けたの整数をつくります。

次の問題に答えましょう。1つ10点【40点】

① 一の位が0になる場合をすべて書き出しましょう。

（　　　　）

② 一の位が2になる場合をすべて書き出しましょう。

（　　　　）

③ つくることができる整数が奇数になる場合をすべて書き出しましょう。

（　　　　）

④ つくることができる整数は全部でいくつありますか。

（　　　　）

場合の数について，わかってきたかな。

答え ▶ 79ページ

月　日　10分
得点　点

31 場合の数
組み合わせ方

1 A（エー），B（ビー），C（シー），D（ディー），E（イー）の5人の選手がたっ球の試合をします。どの選手も，ちがった選手と1回ずつ試合をするとき，組み合わせ方について調べます。次の問題に答えましょう。　1つ10点（①②完答）【40点】

① AやBの試合の組み合わせの例にならって，残りの組み合わせを書きましょう。次に同じ組み合わせは，線で消しましょう。

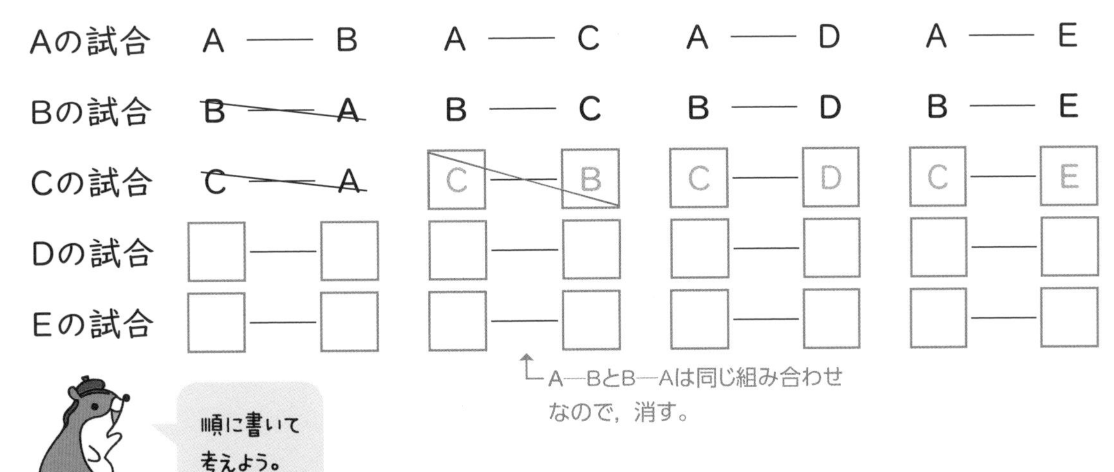

② 下のような表で組み合わせを考えます。表の残りのらんをうめましょう。

表

	A	B	C	D	E
A		○	○	○	○
B					
C					
D					
E					

図

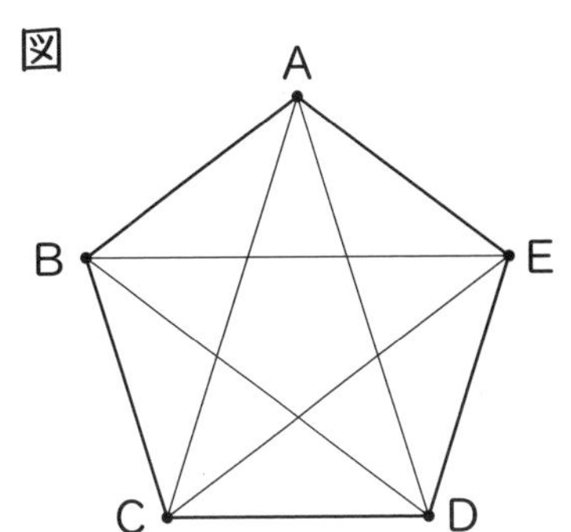

③ 上の図の五角形の頂点（ちょうてん）を結ぶ線が，対戦の組み合わせになります。上の図で，BとDの対戦を表す線をなぞりましょう。

④ 試合の組み合わせは，全部で何通りありますか。　（　　　　）

2 チョコレート，ポテトチップス，クッキー，キャンディの4種類のおかしの中から，2種類のおかしを買います。組み合わせは全部で何通りありますか。

【10点】

(　　　　　)

3 赤，青，緑，白，黒の5色のはたから，4色を選びます。組み合わせは全部で何通りありますか。 【10点】

(　　　　　)

4 A，B，C，D，E，Fの6チームが参加して野球の大会をします。どのチームとも1回ずつ試合をします。全部で何試合行われますか。 【20点】

(　　　　　)

5 ある店のランチセットでは，次の[1]，[2]，[3]の中から，それぞれ1つずつ選べます。ランチセットの組み合わせは全部で何通りありますか。 【20点】

[1] ハンバーグ　ぶた肉のしょうが焼き　とりのからあげ

[2] コーンポタージュ　オニオンスープ

[3] パン　ライス

よくがんばったね。次はパズルだよ！

答え ▶ 79ページ

プログラミングにチャレンジ

［どんな絵がかけるかな］

1 はやとさんは，ロボットに指示をして，画用紙に絵をかこうと思いました。次の順番で指示をしたとき，できた絵はどれですか。

1 円をかく。
2 円の中に三角形をかく。
3 三角形の中に長方形をかく。
4 円の外の右側に正方形をかく。

㋐

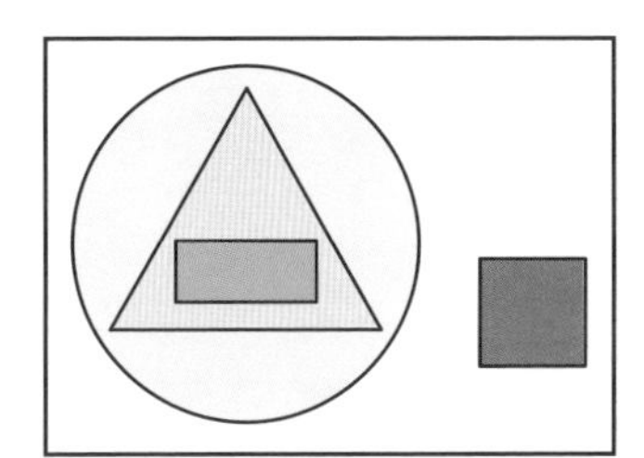

㋑

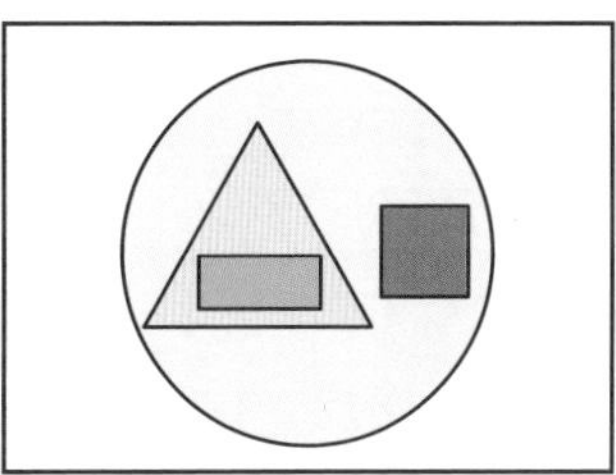

㋒

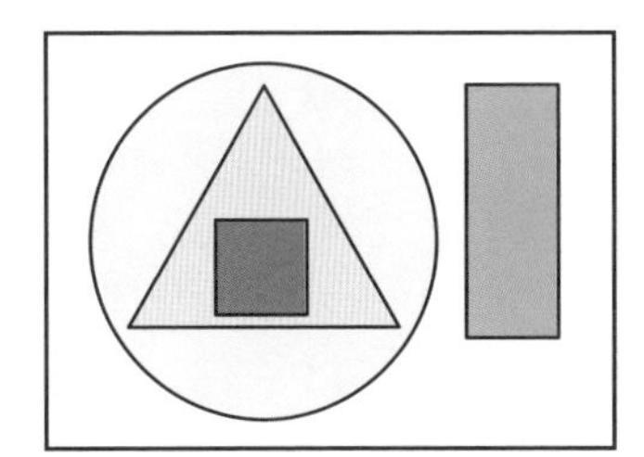

㋓

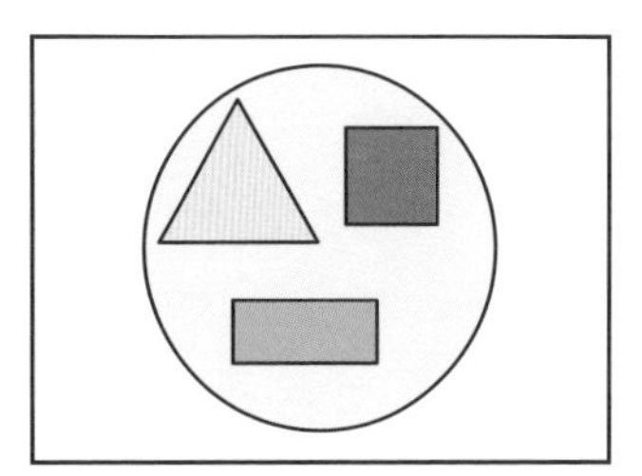

答え

2 ある指示をすると，下の絵ができました。㋐にあてはまることばを答えましょう。

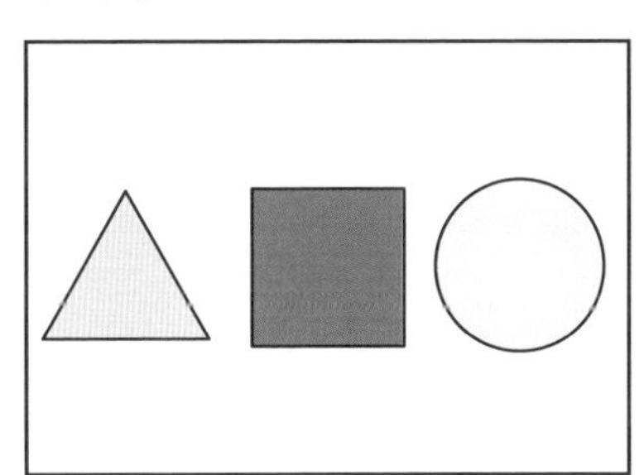

1 まん中に正方形をかく。
2 正方形の右側に（ ㋐ ）をかく。
3 正方形の左側に三角形をかく。

答え

3 はやとさんは，ロボットに指示をして，画用紙に絵をかきます。下の順番で指示をしたとき，できた絵はどれですか。

1 横長に置いた画用紙のまん中に三角形をかく。
2 三角形の中に円をかく。
3 画用紙を時計回りに90°回転させる。
4 三角形の下に正方形をかく。

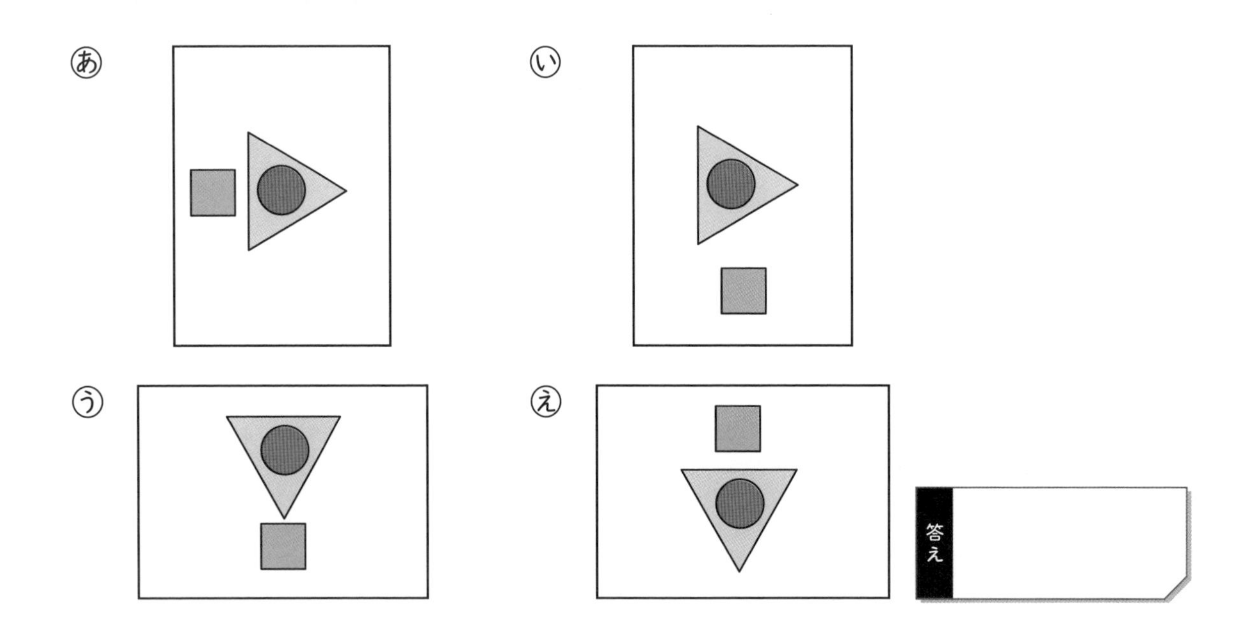

4 ある指示をすると，下の絵ができました。㋐～㋒にあてはまることばや数を答えましょう。

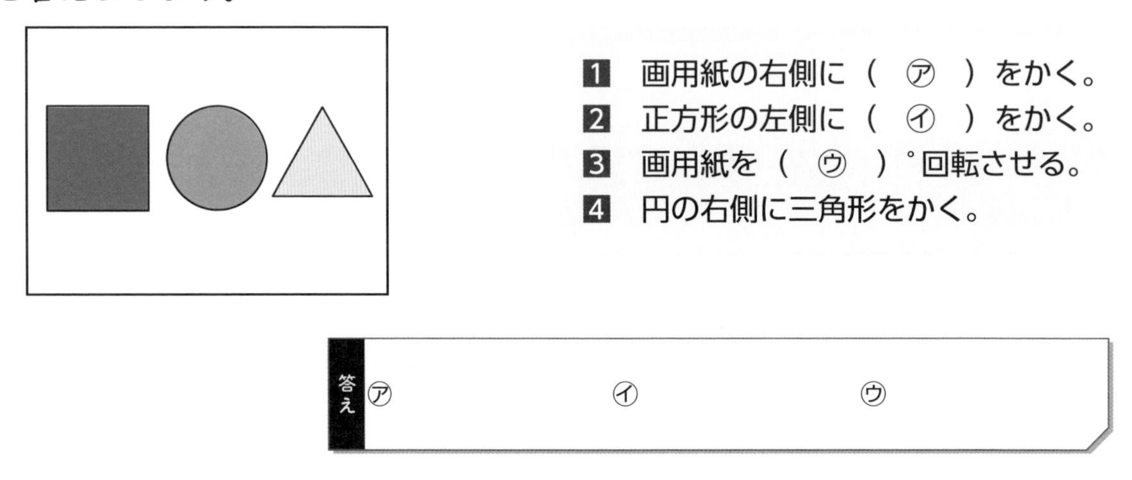

答え ▶ 80ページ

33 まとめテスト

名前

月　日　20分

得点　　　点

1 右の図形は，線対称であり，点対称でもあります。直線アイは対称の軸で，点Oは対称の中心です。　1つ10点【20点】

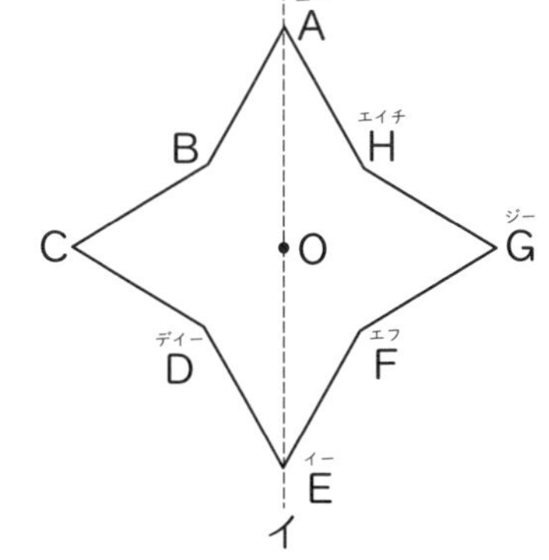

① アイを対称の軸とするとき，辺BCに対応する辺はどれですか。

（　　　　）

② 点Oを対称の中心とするとき，辺BCに対応する辺はどれですか。

（　　　　）

2 1個x円のメロンを2個買い，箱に入れてもらいました。箱代は50円です。代金は全部でいくらですか。　【10点】

3 右の図で，三角形ADE，三角形AFGは，それぞれ三角形ABCの拡大図になっています。　1つ10点【20点】

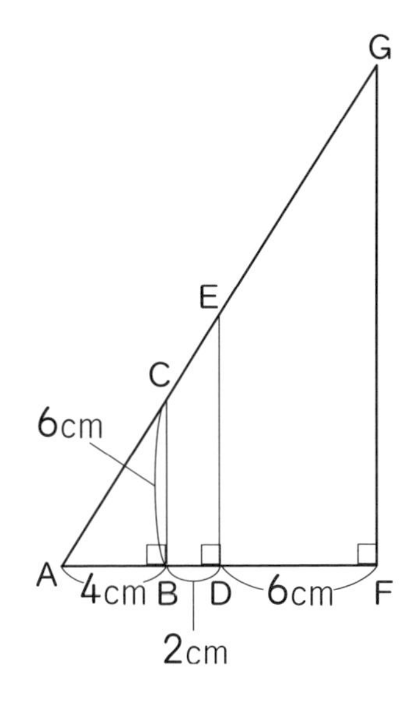

① 辺DEの長さを求めましょう。

（　　　　）

② 三角形ABCは三角形AFGの何分の1の縮図になっていますか。

（　　　　）

4 右の図形は半円を組み合わせた図形です。色のついた部分の面積を求めましょう。

式5点，答え5点【10点】

（式）

（　　　　　　）

10cm
10cm

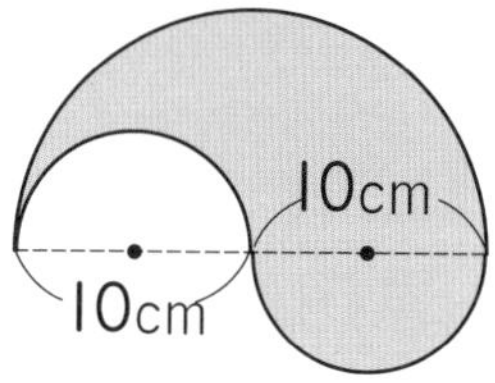

5 右の図の三角柱の体積は何cm^3ですか。

式5点，答え5点【10点】

（式）

15cm
6cm
8cm
10cm

（　　　　　　）

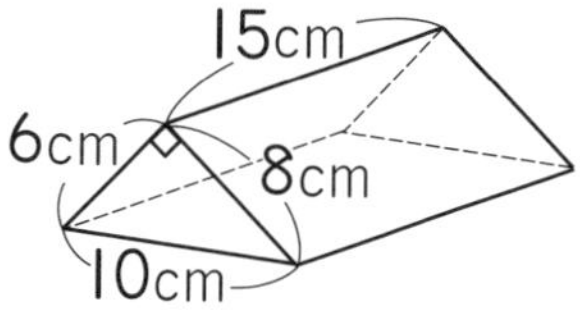

6 右の表は，6年生の50m走の記録を度数分布表に表したものです。中央値（ちゅうおうち）がふくまれるのは，どの階級ですか。

【10点】

50m走の記録(秒)	人数(人)
6以上～7未満	2
7　～8	4
8　～9	9
9　～10	6
10　～11	5
11　～12	2
合計	28

（　　　　　　）

7 x（エックス）とy（ワイ）は比例し，xの値（あたい）が4のとき，yの値は8です。xの値が12のときのyの値を，xとyの関係を式に表して求めましょう。

式5点，答え5点【10点】

（式）

（　　　　　　）

8 A（エー），B（ビー），C（シー），D（ディー）の4人が縦（たて）に1列に並（なら）びます。並び方は全部で何通りありますか。

【10点】

（　　　　　　）

答え ▶ 80ページ

▶まちがえた問題は，もう一度やり直しましょう。
▶を読んで，学習に役立てましょう。

1 線対称 5~6ページ

1 ①点I ②点C ③辺HG ④辺CB ⑤角H ⑥角B

2

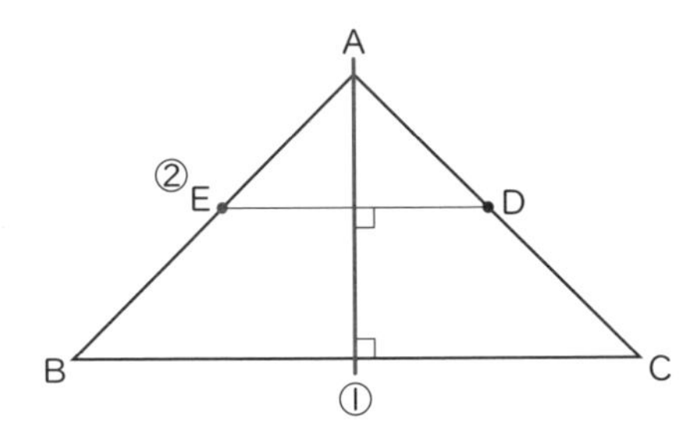

3 ①2本 ②5本

4 ア○ イ○ ウ× エ×

5 ①垂直(に交わっている) ②6cm

2 線対称な図形のかき方 7~8ページ

1

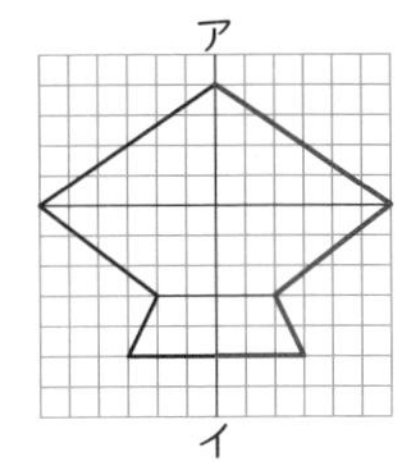

2

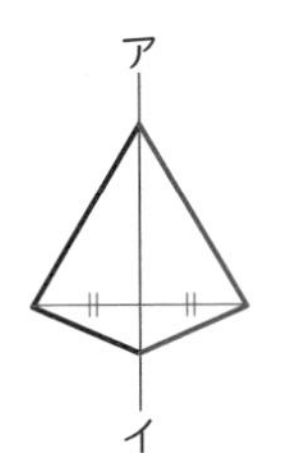

3

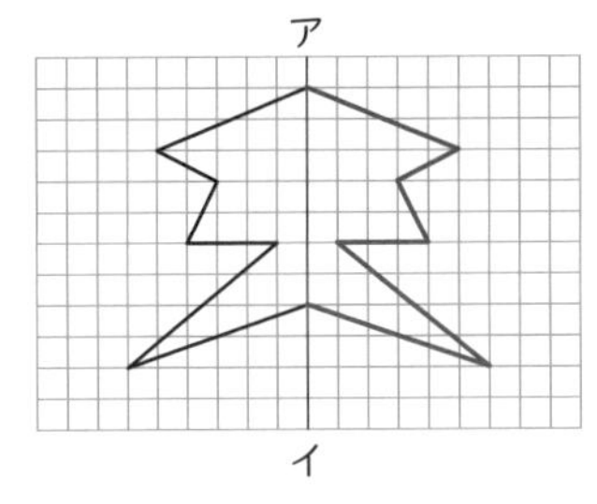

4

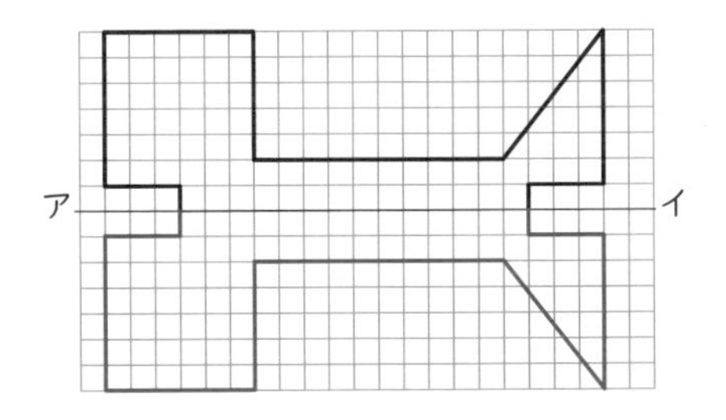

3 点対称 9~10ページ

1 ①点E ②点C ③辺DE ④辺FA ⑤角D ⑥角F

2 ①（例）

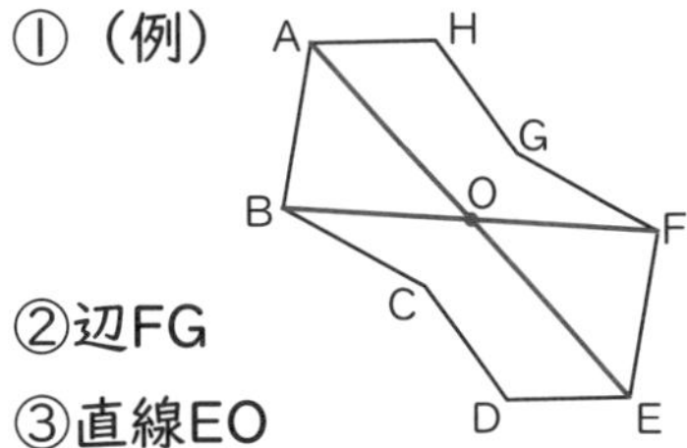

②辺FG
③直線EO

3 ア○ イ× ウ○ エ○

4 ①180° ②7cm

5 ㋑

4 点対称な図形のかき方 11~12ページ

1

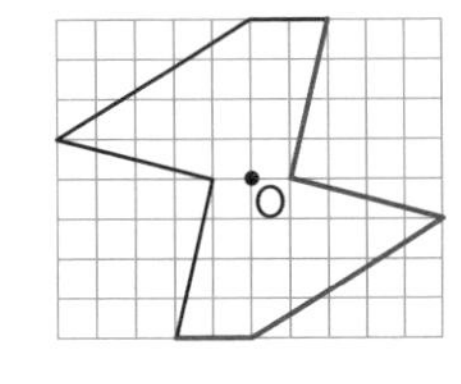

2

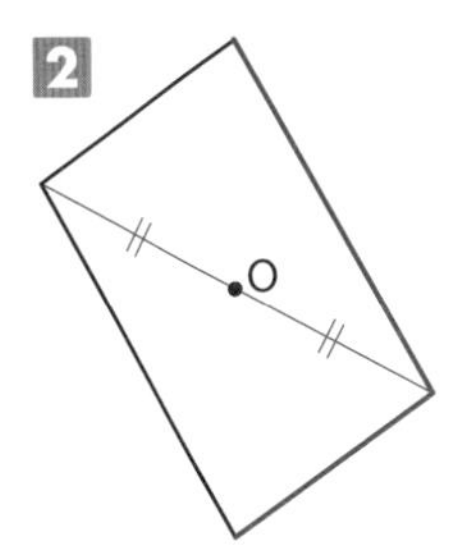

3

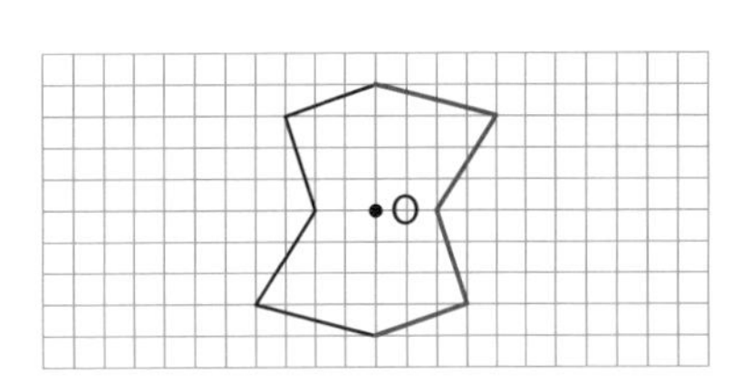

4

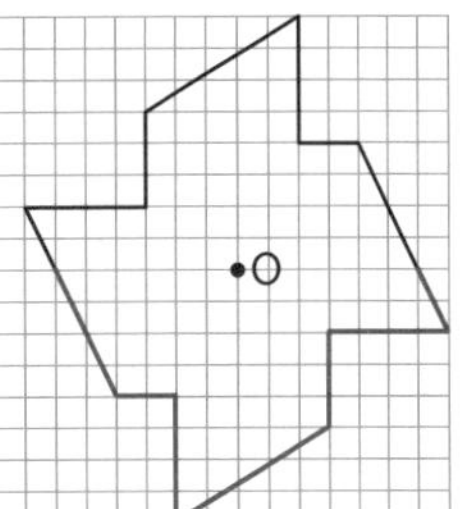

5 多角形と対称 13~14ページ

1 ①

	線対称	対称の軸の数	点対称
台形	×	0	×
平行四辺形	×	0	○
ひし形	○	2	○
長方形	○	2	○
正方形	○	4	○

②ひし形，正方形

2

	線対称	対称の軸の数	点対称
直角三角形	×	0	×
二等辺三角形	○	1	×
正三角形	○	3	×

3 ①

	線対称	対称の軸の数	点対称
正五角形	○	5	×
正六角形	○	6	○
正八角形	○	8	○
円	○	いくらでもある	○

②（例）

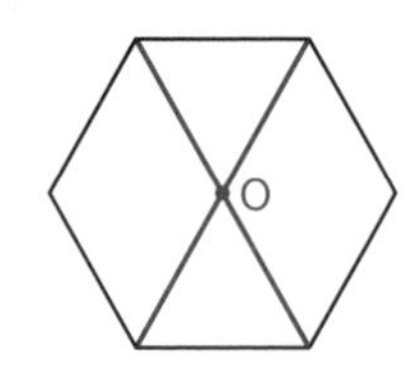

6 文字と式 15~16ページ

1 順に，5，8，10，20，x

2 ①32個　②$x\times3+2$
③38個

3 ①$x+120=y$（$120+x=y$）
②$10\times x\div2=y$
③$1000-x=y$

4 ㋒

5 ①$x\times3+1$
②8

x	5	6	7	8	9	10
$x\times3$	15	18	21	24	27	30
$x\times3+1$	16	19	22	25	28	31

7 等しい比 17~18ページ

1 ①$\frac{1}{2}$　②$\frac{1}{3}$

2 ①㋒　②㋑

3 ①○　②×　③○　④×

4 ①$\frac{7}{18}$　②$\frac{3}{7}$
③$\frac{1}{3}$　④$\frac{2}{5}$

5 ①㋕　②㋗　③㋔　④㋓

8 比を簡単にする 19~20ページ

1 ①2，2　②10，10
③10，10　④8，8

2 それぞれ上から
①4，6　②4，4
③5，4，10　④8，9，10

3 ①4：3　②2：3
③3：4　④6：19
⑤3：5　⑥4：13

4 ①7：2　②6：7
③5：8　④3：10
⑤12：1　⑥5：8

アドバイス　**4**① 2.8：0.8の両方の数に10をかけると，28：8になるので，28：8の両方の数を4でわると，7：2になります。

9 比の一方の数を求める 21~22ページ

1 ①9　②4　③28　④4
⑤10　⑥3　⑦50　⑧3

2 ①14　②3　③42　④7
⑤27　⑥3　⑦80　⑧90
⑨10　⑩6　⑪5　⑫2

10 拡大図と縮図　23~24ページ

1 ㋑2倍の拡大図　㋒×
㋓1.5倍の拡大図　㋔$\frac{1}{2}$の縮図

2 ①辺EH，3.4cm
②辺BC，2.5cm
③角B，70°
④1：2

3 ㋑×　㋒×　㋓2倍の拡大図
㋔$\frac{1}{2}$の縮図　㋕×

4 ①角E，50°　②辺DE，2cm
③角A，58°　④3倍

アドバイス　**1**㋐と㋒は，直角をはさむ2つの辺の長さの比が㋒4：3と，㋐6：4＝3：2で等しくないので，㋒は㋐の縮図ではありません。

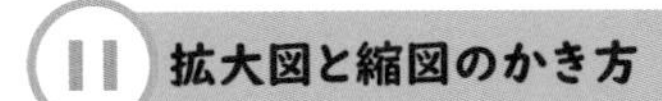

11 拡大図と縮図のかき方　25~26ページ

1

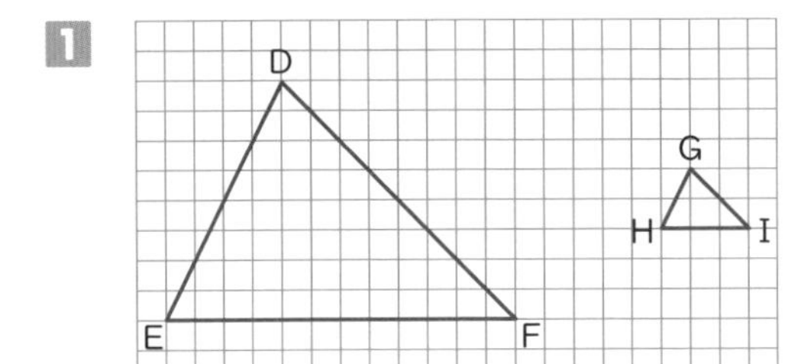

2

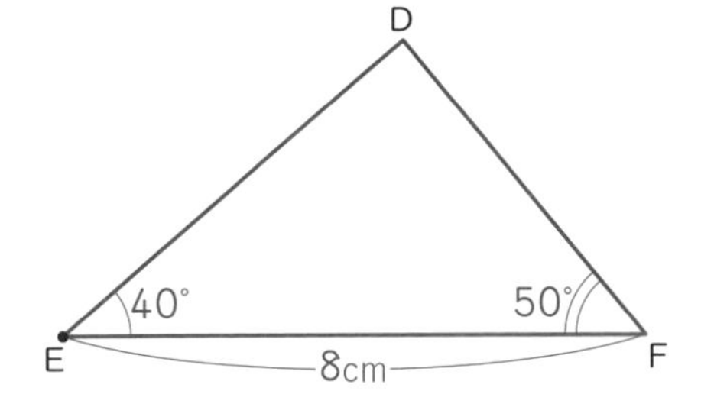

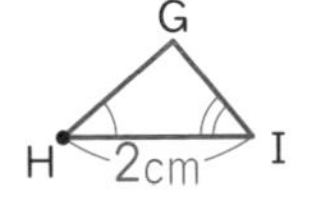

3

4

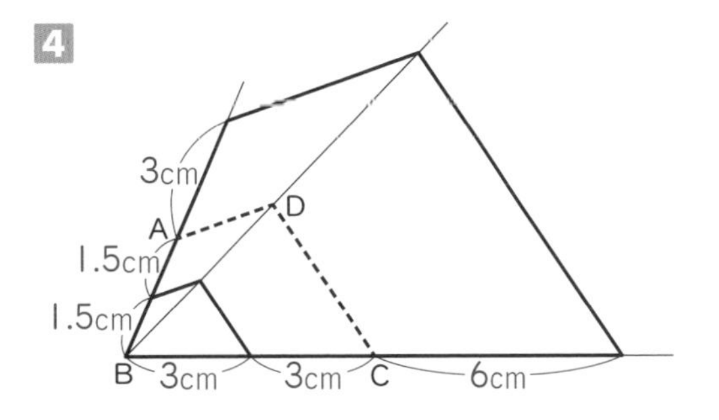

12 縮図の利用①　27~28ページ

1 ①ア 2000　イ 2000　ウ 30
②12m＝1200cm
$1200\times\frac{1}{2000}=0.6\left(\frac{3}{5}\right)$
0.6cm$\left(\frac{3}{5}\text{cm}\right)$
③$1.1\times2000=2200$
2200cm＝22m　22m

2 左から順に，500，40，42

3 ①$(4+3)\times5000=35000$
35000cm＝350m　350m
②$5\times5000=25000$
25000cm＝250m　250m

4 $10\div2=5$
$5\times3=15$　15km

アドバイス　**4**10kmを2cmに縮めて表しているので，縮図上の1cmの実際の長さは，10÷2＝5(km)です。縮図上の道路Aの長さは3cmなので，実際の長さは，
5×3＝15（km）になります。

13 縮図の利用② 29~30ページ

1 ①$800\times\frac{1}{200}=4$ 4cm

②50°

③4.8×200=960

960cm=9.6m 9.6m

④9.6+1.2=10.8 10.8m

2 ①6cm

②省略（縮図のABの長さは約3.5cm）

③3.5×500=1750

1750cm=17.5m 17.5m

3 ①$\frac{1}{15}$の縮図

②1×15=15 15m

14 円の面積 31~32ページ

1 ①5×5×3.14=78.5

78.5cm²

②8÷2=4

4×4×3.14=50.24

50.24cm²

2 ①10×10×3.14=314

314cm²

②6÷2=3

3×3×3.14=28.26

28.26cm²

③7×7×3.14=153.86

153.86m²

④12÷2=6

6×6×3.14=113.04

113.04m²

3 ①8×8×3.14=200.96

200.96cm²

②30÷2=15

15×15×3.14=706.5

706.5cm²

③20×20×3.14=1256

1256m²

4 ①2倍

②1×1×3.14=3.14

3.14cm²

③2×2×3.14=12.56

12.56cm²

④12.56÷3.14=4 4倍

15 いろいろな形の面積 33~34ページ

1 ①5×5×3.14÷2=39.25

39.25cm²

②6×6×3.14÷4=28.26

28.26cm²

2 順に，10，10，5，5，235.5

3 16÷2=8

16×16−8×8×3.14=55.04

55.04cm²

4 ①20÷2=10

10×10×3.14÷2=157

157cm²

②16÷2=8

8×8×3.14÷2=100.48

100.48cm²

③16×16×3.14÷4

=200.96 200.96cm²

5 ①14÷2=7

14×14×3.14÷4

−7×7×3.14÷2=76.93

76.93cm²

②20×20−10×10×3.14

=86 86cm²

16 算数パズル 35~36ページ

❶ ㋒

❷ ア

アドバイス ❶ マスの数を数えます。ダイヤのななめの辺は，縦1マス横1マスの正方形の対角線になっています。㋐～㋓の中で，ななめの辺が正方形の対角線になっているのは㋒と㋓です。㋓の正方形は縦3マス横3マスの大きさになっているので，3倍になっていますが，もとのダイヤの縦と横の辺の長さが3倍になっていません。㋒の正方形は縦2マス横2マスの大きさになっているので，2倍の拡大図になっています。もとのダイヤの縦と横の辺の長さも2マスから4マスの2倍になっているので，㋒が答えになります。

❷ 防犯カメラに映った犯人の身長は150cmです。ポールの長さとかげの長さの比を求めると，①は120：100=6：5，②は120：80=3：2となります。そこから身長を求めると，①は6：5=ア：125だから，

ア=6×25=150

②は3：2=イ：120だから，

イ=3×60=180

答えはアになります。

17 角柱の体積 37~38ページ

1 ①5×6×4=120 120cm³

②5×6×4=30×4=120

120cm³

2 ①10×12÷2=60 60cm²

②60×8=480 480cm³

3 ①6×4×15=360 360cm³

②12×10×6=720 720cm³

③20×25=500 500cm³

④8×10÷2×16=640

640cm³

⑤(8×4÷2+8×3÷2)×6=168

168cm³

⑥(6+10)×8÷2×20

=1280 1280cm³

18 円柱の体積 39~40ページ

1 ①4×4×3.14=50.24

50.24cm²

②50.24×15=753.6

753.6cm³

2 ①3×3×3.14=28.26 28.26cm²

②28.26×10=282.6 282.6cm³

3 ①12÷2=6

6×6×3.14×8=904.32

904.32cm³

②5×5×3.14×18=1413

1413cm³

③3×3×3.14×15=423.9

423.9cm³

④4×4×3.14×20=1004.8

1004.8cm³

⑤16÷2=8

8×8×3.14×20=4019.2

4019.2cm³

⑥20÷2=10

10×10×3.14×5=1570

1570cm³

19 いろいろな立体の体積 41~42ページ

1 ①$10×6×5=300$
$10×9×12=1080$
$300+1080=1380$ 1380cm³
②$5×6+12×9=138$ 138cm²
③$138×10=1380$ 1380cm³

2 $4×9-2×(9-2-2)=26$
$26×5=130$ 130cm³

3 ①$5×5-(5-3)×(5-2)=19$
$19×4=76$ 76cm³
②$(3×19+5×7)×4=368$
368cm³
③$10×13-8×(13-5-4)=98$
$98×6=588$ 588cm³
④$8÷2=4$　$4÷2=2$
$4×4×3.14-2×2×3.14$
$=37.68$
$37.68×7=263.76$
263.76cm³
⑤$20÷2=10$
$10×10×3.14÷2×25$
$=3925$ 3925cm³
⑥$6×6×3.14÷2×15$
$=847.8$ 847.8cm³

アドバイス　**3**⑤⑥は円柱を半分に切った形です。

20 およその面積 43~44ページ

1 $45×60=2700$ 約2700m²

2 $100×104÷2=5200$
約5200km²

3 $250×150÷2+250×130÷2$
$=35000$
約35000m²

4 ①4cm　②約6km
③$6÷2=3$
$3×3×3.14=28.26$
約28.26km²

アドバイス　**4**②　縮尺は6kmが4cmで表されています。点線の円の直径が4cmなので，実際の長さは約6km。

21 およその体積 45~46ページ

1 $20÷2=10$
$10×10×3.14×20=6280$
約6280cm³

2 $6×10×2=120$ 約120cm³

3 $50×30×15=22500$
約22500m³

4 $15×15×30=6750$ 約6750cm³

5 $10÷2=5$
$5×5×3.14×18=1413$
約1413cm³

6 ①$6×8÷2=24$ 約24m²
②$24×0.5=12$ 約12m³

22 比例の性質 47~48ページ

1 ①○　②○　③×　④○

2

長さx(m)	1	2	3	4	5	6
重さy(kg)	3	6	9	12	15	18

3 ①比例する。
②順に，160，240，320，400
③$\frac{1}{2}$倍，$\frac{1}{3}$倍，…になる。
④$y=160×x$

4 ①比例する。
②順に，80，120，160，200
③$\frac{1}{2}$倍，$\frac{1}{3}$倍，…になる。
④$y=40×x$　⑤100km

23 比例のグラフ 49~50ページ

1 ①比例する。

②

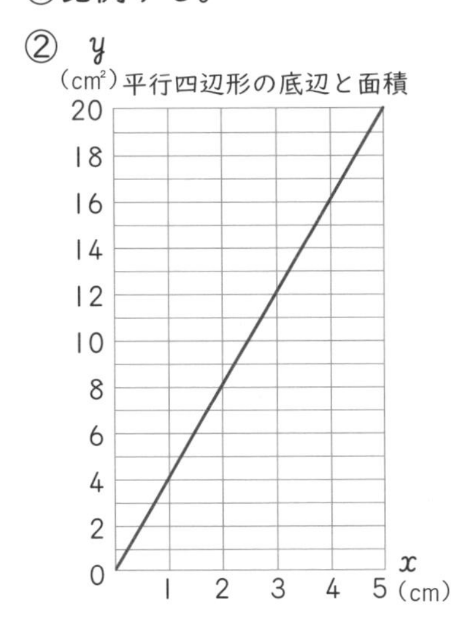

2 ①4kg ②3m ③比例する。

3 ①順に，6，9，12，15

②

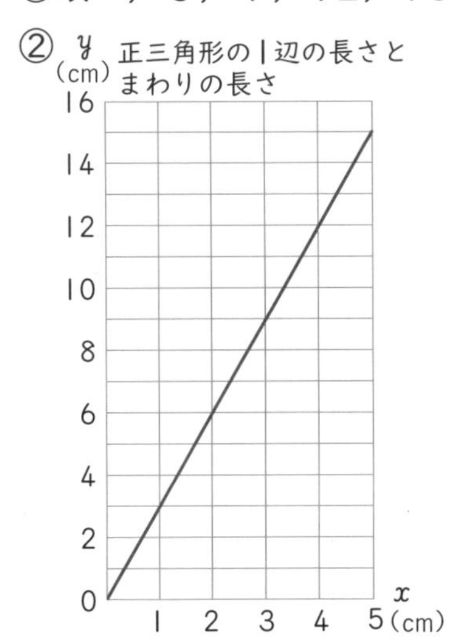

③いえる。

4 ①10cm ②17.5cm
③8分 ④比例する。

24 反比例の性質 51~52ページ

1 ①○ ②× ③× ④○

2

底辺x(cm)	2	3	4	5	6
高さy(cm)	30	20	15	12	10

3 ①$\frac{1}{2}$倍，$\frac{1}{3}$倍，…になる。
②（平行四辺形の）面積
③反比例している。

4 ①ア 2　イ 1.2
②$\frac{1}{2}$倍，$\frac{1}{3}$倍，…になる。
③(A地点からB地点までの)道のり
④反比例

25 反比例のグラフ 53~54ページ

1 ①反比例する。

②

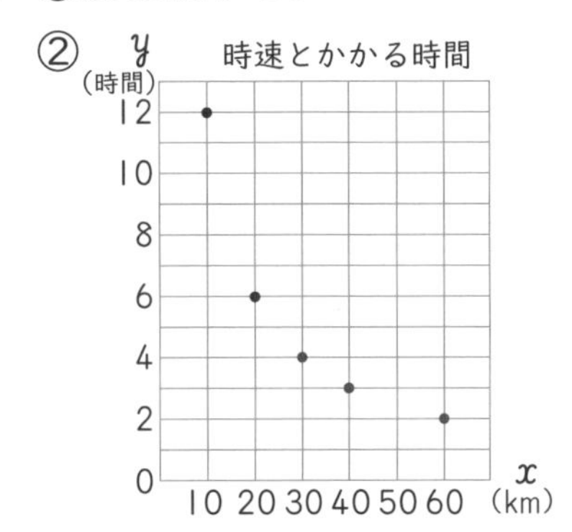

2 ①6cm ②12cm ③反比例する。

3 ①順に，8，6，4，3，2

②

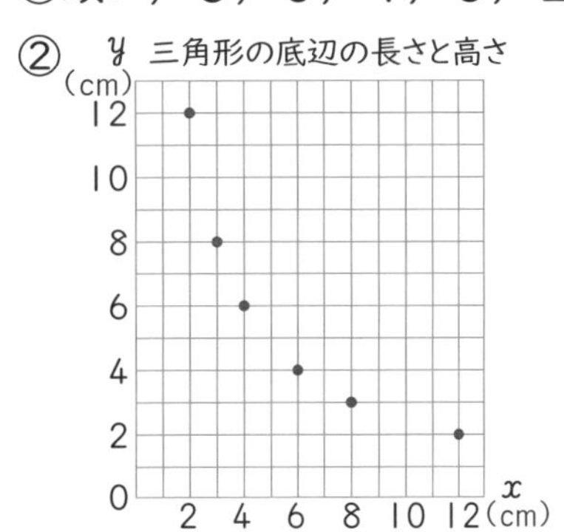

③いえる。

4 ①15 ②6 ③3 ④反比例する。

26 ドットプロットと代表値 55~56ページ

1 ①

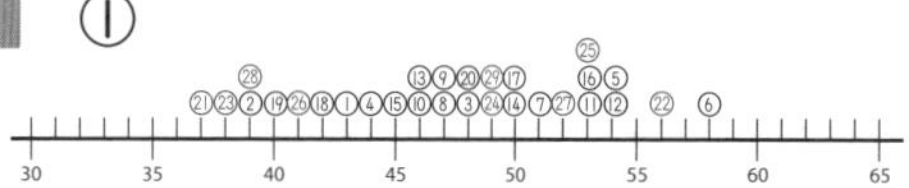

② 48回

③ 53回

2 ①1組…32m，2組…32.2m

②

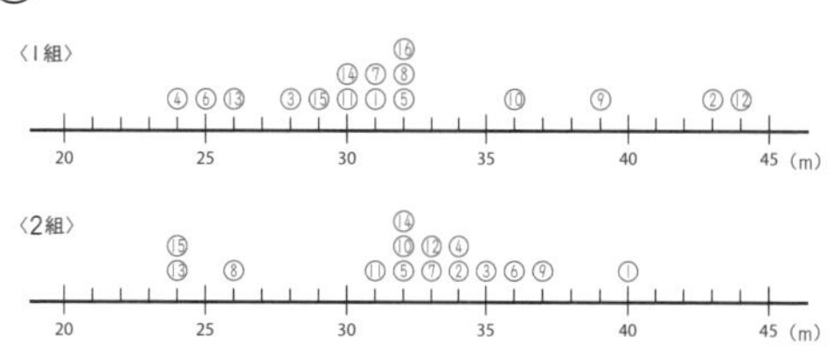

③1組…31m　2組…33m

④1組…32m　2組…32m

アドバイス **2** ①1組…(31+43+28+24+32+25+31+32+39+36+30+44+26+30+29+32)÷16=32

2組…(40+34+35+34+32+36+33+26+37+32+31+33+24+32+24)÷15=32.2

27 度数分布表とヒストグラム① 57~58ページ

1 ①上から順に，0，1，3，7，4，0，15

②150cm以上155cm未満，145cm以上150cm未満

2 ①約56%

②

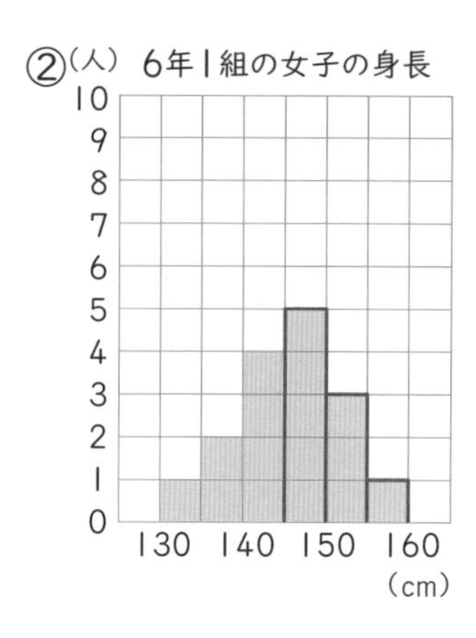

3

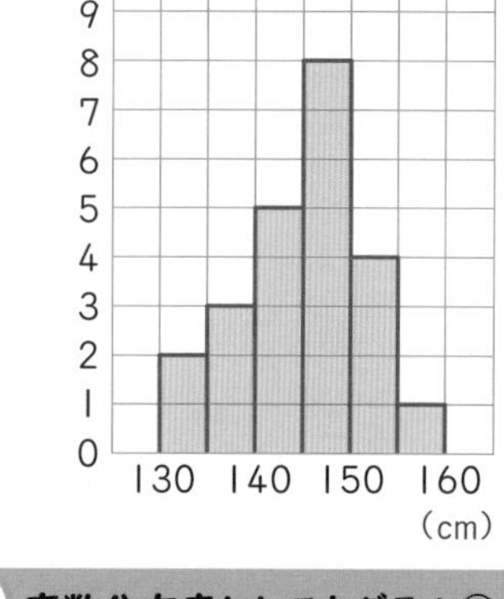

28 度数分布表とヒストグラム② 59~60ページ

1 ①上から順に5，7，7，4，1，1

②5分　③6人　④24%

2 ①

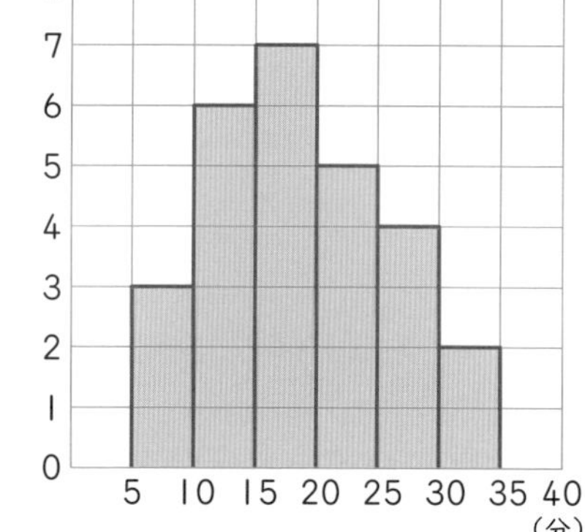

②15分以上20分未満

③20分以上25分未満

④14番め

⑤15分以上20分未満

⑥20分以上25分未満

29 いろいろなグラフ 61~62ページ

1 ①1987年の女性
…35才以上39才以下
2017年の男性
…40才以上44才以下
②(例)新しく生まれてくる子どもの数が少なくなっている。(高れい者の割合が増えている。男性より女性の高れい者のほうが多い。など)

2 ①9時16分　②9時14分
③上川駅の方向に1kmのところ。
④位置…中山駅　時刻…9時20分

3 ①エ　②ウ　③ア　④イ

30 並べ方 63~64ページ

1 ①
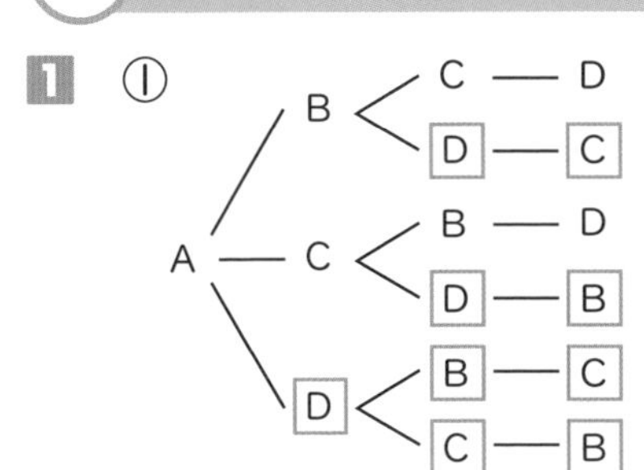

②
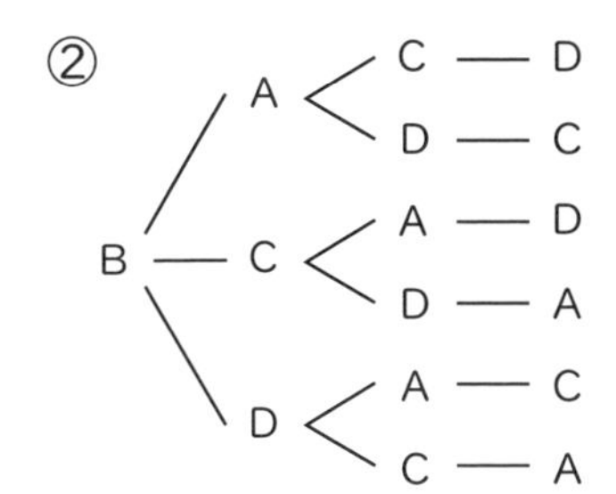

③24通り

2 6通り

3 ○○○，○○●，○●○，○●●，●○○，●○●，●●○，●●●

4 ①1230，1320，2130，2310，3120，3210
②1032，1302，3012，3102
③1023，1203，2013，2031，2103，2301，3021，3201
④18個

アドバイス **2**
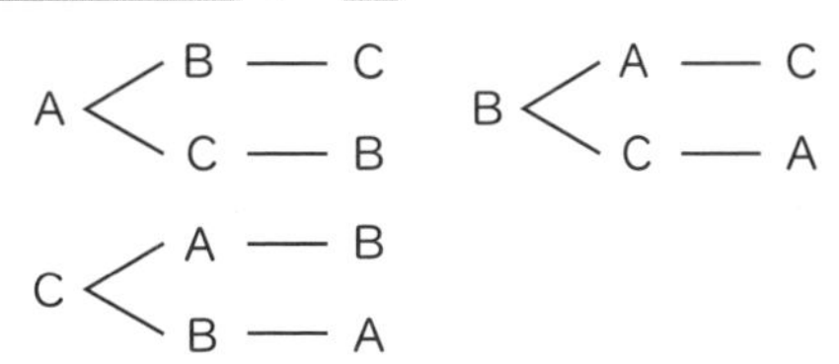

31 組み合わせ方 65~66ページ

1 ①Cの試合　~~C—B~~　C—D　C—E
Dの試合　~~D—A~~　~~D—B~~　~~D—C~~　D—E
Eの試合　~~E—A~~　~~E—B~~　~~E—C~~　~~E—D~~

②
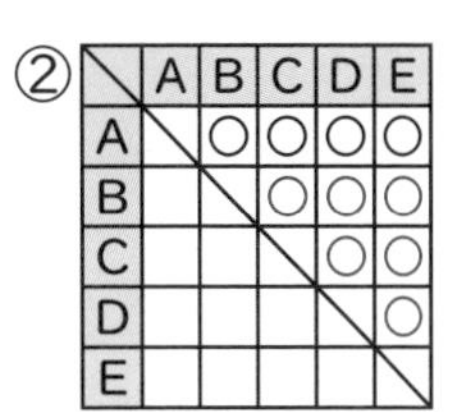

	A	B	C	D	E
A	＼	○	○	○	○
B		＼	○	○	○
C			＼	○	○
D				＼	○
E					＼

③
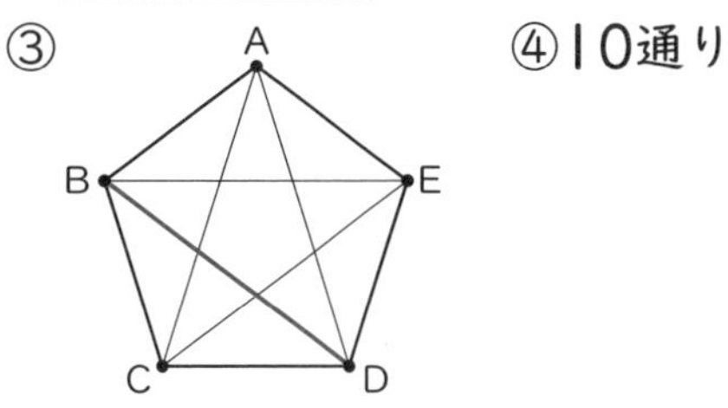

④10通り

2 6通り

3 5通り

4 15試合

5 12通り

アドバイス **3**　5色から4色を選ぶので，選ばない色を考えると，赤，青，緑，白，黒の5通りあります。

32 算数パズル 67~68ページ

❶ あ

❷ 円

❸ い

❹ ㋐正方形　㋑円　㋒180

アドバイス　❶　円の中に三角形，長方形の順に入っている図の右に正方形がある絵を選びます。

❸　画用紙を回転させることに注意します。正方形は，画用紙を回転させた後にかくので，縦長になった画用紙の下に正方形があります。

❹　4で円の右側に三角形をかいて問題の絵になることと，1で画用紙の右側に何かをかいていることから，画用紙は180°回転させたことがわかります。

33 まとめテスト 69~70ページ

1　①辺HG　②辺FG

2　x×2+50(円)

3　①9cm　②$\frac{1}{3}$の縮図

4　10×10×3.14÷2=157　157cm²

5　6×8÷2×15=360　360cm³

6　8秒以上9秒未満

7　y=2×x

y=2×12=24　24

8　24通り

アドバイス　1①　アイを対称の軸とするとき，点Bに対応するのは点Hで，点Cに対応するのは点Gになります。

②　点Oを対称の中心とするとき，点Bに対応するのは点Fで，点Cに対応するのは点Gになります。

3①　ADの長さは4＋2＝6（cm）だから，三角形ADEは三角形ABCの，$\frac{6}{4}=\frac{3}{2}$（倍）の拡大図になっています。

4　求める面積は，半径10cmの半円の面積に等しくなります。

5　直角をはさむ2つの辺の長さが6cmと8cmの直角三角形が底面となる三角柱がたおれた図形です。

6　人数が28人なので，中央値は，記録が14番めと15番めの人の記録の平均になります。

8　Aを先頭にした場合の並び方は，下の図のようになります。

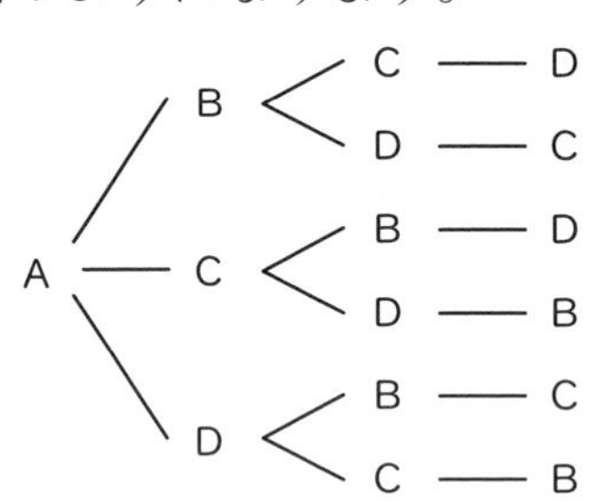